區塊鏈
改變未來的倒數計時

黃步添、蔡　亮　編著

目錄

第二章 通往區塊鏈之路

第三章 區塊鏈應用場景

第四章 區塊鏈實踐

內容簡介

這是一本全面深入闡述區塊鏈技術的書籍，書中重點闡述了區塊鏈的實現原理、共識機制、應用場景以及未來發展方向。

本書共五章，主要內容為：從比特幣以及區塊鏈的發展歷程與原理等方面，介紹區塊鏈的起源與成功應用；從區塊鏈與傳統行業、人工智慧、金融、大數據等方面的結合，描述了區塊鏈能為人們帶來的巨大技術變革；介紹了區塊鏈技術的主要應用場景及相應案例，包括存在性證明、智慧合約、供應鏈、身份驗證、資產交易、預測市場、電子商務、物流、文件儲存、醫療等；從原理、技術創新、發展等方面介紹了當下成功的區塊鏈技術實踐項目，包括以太坊、公證通、比特股、瑞波以及超級帳本；從區塊鏈網路自身的演化、物聯網、互聯網等方面描繪了區塊鏈技術的未來藍圖——構建基於信用的下一代互聯網。

本書適合希望全面瞭解區塊鏈技術全貌及具體應用場景的讀者。

編輯委員會

主　編：黃步添　蔡　亮

撰　寫：王　毅　陳建海　劉振廣　李啟雷　龔建坤
盛遠策　陳　穎　劉嘉陵　梁　然　張澤恩
少　平　曹　寅　王英健　吳思進　姜　疆
王從禮　俞之貝　毛道明　王雲霄　張維賽
鄭徐兵　姜集闖　李　偉　鄧　旭

審　校：王從禮　黎曉飛　楊正清

區塊鏈
改變未來的倒數計時

推薦序

記得一年多以前，在和中國的同事討論 Blockchain 的時候，這個詞似乎還沒有一個約定俗成的中文譯名；而現在，「區塊鏈」（Blockchain）已經是技術領域中最熱門的詞彙了。目前，中國在區塊鏈和分散式帳本（Decentralized Ledger）等領域已經處於領先地位，其主要原因在於中國擁有大量密碼學和金融科技（FinTech）領域的人才。從我第一次到中國講授有關區塊鏈的課程以來，在短短的時間內，我就發現中國政府和企業對這一領域傾入了前所未有的關注，大量區塊鏈加速器（Accelerator）如雨後春筍般地成長。

對那些希望能更深入地瞭解區塊鏈和分散式帳本的讀者來說，黃步添博士的這本專著來得非常及時。本書覆蓋了這一領域的各類課題，能幫助讀者從技術層面上進一步瞭解相關課題。同時，對於普通讀者來說，本書的講解又能做到深入淺出。這本專著對於中國讀者來說，是原創性和綜合性的，幾乎對所有區塊鏈的相關概念都進行了討論，而且，所討論的課題很前沿，包括以太坊（Etheruem）、分布式自治組織（DAOs），以及智慧合約（Smart Contract），等等。

如果透過分散式網路（Distributed Network）進行 P2P 支付，在這過程中，信任就不是必需的了，這種想法在比特幣的原始投資者中廣為流傳。實際上，非中心化（Not Centralized）的網路是最理想的。在集中化系統（Centralized System）中，每個節點都有不同的資訊和支持不同的運算能力，要替代它幾乎是不可能的。一直以來，替代傳統的集中化系統，也只能是個理想而已。比特幣是由一小群人，或者說是一個人發明的。它之所以能吸引那麼多人的關注，主要是因為其高度的複雜性和適應性，這使得替代集中化系統成為可能。但是，即便不從技術角度講，中本聰（Satoshi Nakamoto）這個名字本身也很有意思，是三星（SAmsung）、東芝（TOSHIba）、中道（NAKAmichi）和 MOTOrola 起首發音的組合。如果直接以日語漢字來解釋，意思是：中國人本來就聰明。這賦予了這個名字更多的神祕感，弄得絕大部分人根本不知道中本聰到底是誰。

隨著人工智慧領域技術的進步和電腦處理能力的提升，大家相信，有朝一日，機器會主宰人類。這可能超出了最初從事人工智慧的研究人員的考慮範圍，但是現在看來，在未來的某個時間點，這是有可能發生的，科幻小說已經給人們做出非常詳盡的描述了。因此人們產生了這樣的思想：加密技術是用來保護人類的。在一九九〇年代，在這個領域中活躍著一群自稱為密碼龐克（Cypherpunks）的人，他們受到駭客傳統與自由主義思想（Libertarian Ideas）的影響。他們相信，在電子時代的開放社會，隱私依然是絕對必要的。他們不認為集中式系統在未來能夠保障個人隱私。他們倡導的是人民應當捍衛自己的隱私權，並且透過編寫具有這樣功能的程式碼來實現這一目標。也許，他們相信當網路龐克（Cyberpunk）的小說會變成現實，在機器主導世界的情況發生時，這麼做至少能在某種程度上更好地保護人類的尊嚴。他們相信加密與解密將是一場「魔高一尺，道高一丈」的持久戰，這場爭鬥的結果將決定未來人類將享有多大程度的自由。對他們來說，為了人類的自由，他們是願意承擔一定的風險的。密碼龐克（Cypherpunks）是密碼（Ciphers）和網路龐克（Cyberpunks）兩個詞結合在一起產生的，從一九九二年九月開始就有人使用這個詞了。現在密碼龐克指的是一個崇尚透過加密技術來推動社會變革的社交網路群體。

二〇一四年，我第一次在矽谷就政府在這個生態系（Eco-system）中的重要角色做主題演講，大家好像都聽不太進去。新加坡管理大學透過 Podcast 推送了演講，之後新加坡沈基文金融經濟研究院（SKBI）又舉辦了世界第一場加密貨幣國際學術會議，分散式帳本研究社區中的很多人才開始被說服，大家認為技術可以幫助企業降低成本，提升效率。因為我們可以透過技術來保護生態系統的完全可信，而不必再去判斷對方是否值得信任。後來，我又參加了一系列有關電子支付和金融科技的訪談和論壇，進一步論述了技術有推動普惠社會的效能，可以為沒有充分獲得銀行服務的和完全得不到銀行服務的群體提供低成本的基本服務，這些論述開始得到業界的重視。

黃步添博士在本書中彙總了諸多與區塊鏈相關的課題，在其完整論述的基礎上，我們可以借用上海交通大學海外教育學院周亞莉老師為我在「領航 + 高管前沿人才培養計劃」課程的開幕演講中所撰寫的總結文稿加以概述：

(1) 當前金融體系仍主要靠加強中心化來解決信任問題。為維護信任，在金融業的發展歷程中，催生了大量的中介機構，包括託管機構、第三方支付平台、公證機構、銀行、政府監管部門等。但中介機構處理資訊仍依賴人工，且交易資訊往往需要經過多道中介的傳遞，使得資訊出錯率高，且效率低下。在實踐中，權威機構透過中心化的資料傳輸系統收集各種資訊，並保存在中心伺服器中，然後集中向社會公布。中心化的傳輸模式同樣使得資料傳輸效率低、成本高。

(2) 區塊鏈是基於共識機制建立起來的，由集體維護的分散式共享資料庫。它具有非中心化、去中介化、無須信任系統、不可篡改、加密安全、交易留痕並可追溯、透明等優點，可以有效繞過諸多中介，降低溝通成本，提高交易效率，快速確立信任關係或在交互雙方未建立信任關係時即達成交易，進一步靠近了金融的本質屬性和內在要求。

(3) 目前，區塊鏈技術在數位貨幣、信貸融資、支付清算、數位票據、證券交易及登記結算、代理投票、股權群眾募資、跨境交易、保險經紀等方面，已從理論探討走向實踐應用。上述領域的共同特點是對信任度要求高，而傳統信任機制的成本居高不下。

(4) 以比特幣為代表的數位貨幣是區塊鏈技術最為成功的運用。比特幣與傳統紙幣相比，發行數位貨幣能有效降低貨幣發行及流通的成本，提升經濟交易活動的便利性和透明度。這種數位貨幣具有超幣種、超國界、超主權、即時結算的特點，一旦在全球範圍實現了區塊鏈信用體系，數位貨幣自然會成為類黃金的全球通用支付信用。

(5) 與現有的傳統支付體系相比，區塊鏈支付在交易雙方之間直接進行，不涉及中間機構，即使部分網路癱瘓也不會影響到整個系統的運行。如果基於區塊鏈技術構建一套通用的分散式金融交易協議，為用戶提供跨境、任意幣種即時支付清算服務，則跨境支付將會變得便捷高效和成本低廉。

(6) 區塊鏈技術被視為下一代價值互聯網的主要協議之一，任何需要或者缺乏信任的生產和生活領域，區塊鏈技術都將有用武之地。從數位貨幣到證券與金融合約、互助保險、教育、所有權登記、轉讓、賭博、防偽、物聯網、智慧合約，甚至旅遊，還可以在公益及社會治理領域如身份認證、司法仲裁、投票、健康管理、人工智慧，以及非中心化的社會組織等領域中進行廣泛應用，這將會極大地改變甚至顛覆我們未來的生活。

在黃步添博士的這本專著中，您可以看到：

第一章　從區塊鏈的起源與成功應用——比特幣以及區塊鏈的發展歷程與原理等方面介紹區塊鏈。

第二章　從區塊鏈與傳統行業、人工智慧、金融、大數據等領域的結合，描述了區塊鏈能為人們帶來的巨大技術變革。

第三章　介紹區塊鏈技術的主要應用場景及相應案例，包括存在性證明、智慧合約、供應鏈、身份驗證、預測市場、資產交易、電子商務、文件儲存、物流、交易所、醫療應用等。

第四章　從原理、技術創新、發展等方面介紹了當下成功的區塊鏈技術實踐項目，包括以太坊、公證通、比特股、瑞波以及超級帳本。

第五章　總結全書，從區塊鏈網路自身的演化、物聯網、互聯網等方面描繪了區塊鏈技術的未來藍圖——構建基於信用的下一代互聯網。

但是，我對大家常用的「去中心化」這個詞有些不同的看法。因為對於這個詞的解讀，很難區分到底是要「摒棄集中化授權」還是建立「分散化設置」。中文的直譯似乎不能很準確地表達其內在含義。我更傾向於使用「非中心化」（Not Centralised），而不是「去中心化」（DE-Centralised）。在漢語裡，與「中心化」相對的應該是「非中心化」，也就是說「不是集中式的」，而不是要摒棄中心化的「去中心化」，是「非中心化」而不是「去中心化」。「非中心化」的每個節點之間，仍然可以有「迷你中心化（Mini Centralization）」。總之，可以認為這個「去中心化」表達的是一種「分散式的」含義。最近的研究表明，如果比特幣挖礦在每個節點的運算能力也都能保持一致，那麼沒有哪一個節點會比其他節點更有優勢，「迷你中心化」也就不會發生。這樣，也許我們就有了一種理想的狀態：分散式系統（Distributed System）。

我希望在以後的著作和文獻中，學者應該考慮對現有詞彙的翻譯進行調整，不然容易混淆重要的概念。「去中心化系統」這樣的提法，也會給人們帶來類似於完全「無須治理」的想法，這是不正確的。即便是在一個完全分散式的系統中，仍然會由「核心開發者」「授權開發者」或者「認證開發者」來編寫程式碼。然後，由挖礦人、股東或代幣持有人（Token Holders）來決定新的治理結構或者程式碼是否可以被接受。雖然不需要介入軟體下載，但是如果沒有新的法律或者治理結構來應對這些問題，核心開發者仍然可能會面對尚不明確的法律責任。在這一領域，程式碼是法律，還是法律是程式碼？這個問題目前還沒有討論清楚。這就給可能的司法訴訟埋下了伏筆。同時，只要我們在區塊鏈環境中還能夠追蹤並確認個人或者實體的身份，那麼這個系統就不是真正的匿名系統而只是 P2P 匿名系統。諷刺的是，區塊鏈的出現雖然是密碼龐克社區的重大貢獻，但是，完全的非中心化和分散式可能不會真正產生。此外，因為區塊鏈高度透明，有可能帶來和人們期望完全相反的結果，更高程度的集中化和中央控制是有可能會在分散式帳本系統中出現的。但是，這一點也不會動搖密碼龐克社區為此付出努力的決心，可以肯定地說，保護人類在由機器主導的世界中的尊嚴，是一個高尚而值得探索的目標。也就是說，最理想的完全摒棄集中化授權的分散式系統，也許只在理論中存在。

信任是個稀有的資源，上述區塊鏈的特點補充了我們現在以技術、平台、數據為基礎所建立的信任系統。黃步添博士的著作出版得非常及時，大家應該都看一看，非常高興我能有幸為本書作序。在此向雲象區塊鏈和黃步添博士致以最美好的祝願。

李國權

新加坡新躍大學（SIM University， Singapore）金融科技與區塊鏈教授

新加坡金融管理局 (MAS) 金融研究委員會委員

美國史丹佛大學 Fulbright 學者

新加坡經濟學會副會長

前言

互聯網領域最知名的「預言家」凱文·凱利在《失控》一書中指出：未來世界的趨勢是去中心化。亞當斯密的「看不見的手」就是對市場去中心化本質的一個很好的概括。點與點之間直線距離最短，人與人之間溝通的最佳模式也應該是直接溝通，無論從哪個方面切入，去中心化的市場本質都是無可辯駁的。

我們可能正面臨一場革命的晨曦，這場革命始於一種新的、邊緣的互聯網經濟。世界經濟論壇（即達沃斯論壇）創始人克勞斯·史瓦布（Klaus Schwab）說：「自蒸汽機、電和電腦發明以來，人們又迎來了第四次工業革命——數位革命，而區塊鏈技術就是第四次工業革命的成果。」區塊鏈作為下一代的可信互聯網，必將顛覆所有在其之上的業務，讓整個基於互聯網的企業、生態、產業鏈徹底做一次變革創新。

馬雲曾經說過：「很多人還沒搞清楚什麼是 PC 互聯網時，行動互聯網就來了；而我們還沒搞清楚行動互聯的時候，大數據時代又來了。」現在，我們是否可以在後面加上一句：「人們還沒搞清楚大數據是什麼，區塊鏈又來了。」威廉·吉布森曾說過：「未來已經發生，只是尚未流行。」相信區塊鏈技術能夠引領未來五到十年的電腦和互聯網領域的發展，我們已隱約能聽見不遠的未來，由區塊鏈技術掀起的革命的滾滾風雷。

首先感謝出版社的大力支持，才會促成本書的出版。本書全面闡述了區塊鏈的技術原理、應用場景，以及未來的發展方向。盛遠策、王從禮、毛道明、王雲霄、張維賽等參與了第一章的編寫工作；王毅、李啟雷、姜集闖等參與了第二章的編寫工作；王英健、吳思進、姜疆、龔建坤、王從禮、陳穎、俞之貝等參與了第三章的編寫工作；劉嘉陵、梁然、張澤恩、少平等參與了第四章的編寫工作；曹寅、鄭徐兵、盛遠策、李偉、王毅、鄧旭等參與了第五章的編寫工作。

特別感謝新加坡經濟學會副會長李國權教授為本書作序，浙江大學何欽銘教授、中國教育部長江學者陳積明教授、陳文智教授、紀守領教授以及新加坡國立大學 Roger Zimmermann 教授等對雲象區塊鏈團隊的大力支持，以及雲象區塊鏈的王備博士、王津航博士、石太彬、楊文龍、溫琪、朱紀偉、王光瑞、候文龍等專家的參與。

希望本書的出版，能為廣大區塊鏈技術愛好者和創業者提供幫助。

編者　黃步添

第一章
區塊鏈之前世今生

1.1
比特幣

1.1.1 產生背景

比特幣（Bit Coin）的概念最初是從中本聰[1]在二〇〇八年發表的論文〈比特幣：一種點對點的電子現金系統〉[1]中提出。這種電子現金系統起始於按中本聰的思路設計、發布的開放軟體及建構於其上的 P2P（Peer to Peer）網路。比特幣是一種 P2P 形式下的數位貨幣。點對點的傳輸意味著一個去中心化的支付系統。

與大多數貨幣不同，比特幣不依靠特定的貨幣機構發行，它依據特定演算法，透過大量的運算產生。比特幣經濟是指透過使用整個 P2P 網路中，眾多節點構成的分散式資料庫來確認並記錄所有的交易行為，並使用密碼學的設計來確保貨幣流通中各個環節的安全性。P2P 的去中心化特性與演算法本身可以確保任何人都無法透過大量製造比特幣來人為操控幣值。基於密碼學的設計，可以使比特幣只能被真實的擁有者轉移或支付，同時確保了貨幣的所有權與流通交易的匿名性。比特幣與其他虛擬貨幣最大的不同是其總數

1 中本聰，比特幣的創始者。二〇〇八年中本聰在互聯網上一個討論資訊加密的郵件組中發表了一篇文章，勾劃了比特幣系統的基本框架，並在二〇〇九年為該系統建立了一個開放項目，正式宣告了比特幣的誕生。

量非常有限，具有極強的稀缺性。該貨幣系統曾在四年內只有不超過一千零五十萬個，之後的總數量將被永久地限制在兩千一百萬個。比特幣的特性如圖 1-1 所示。

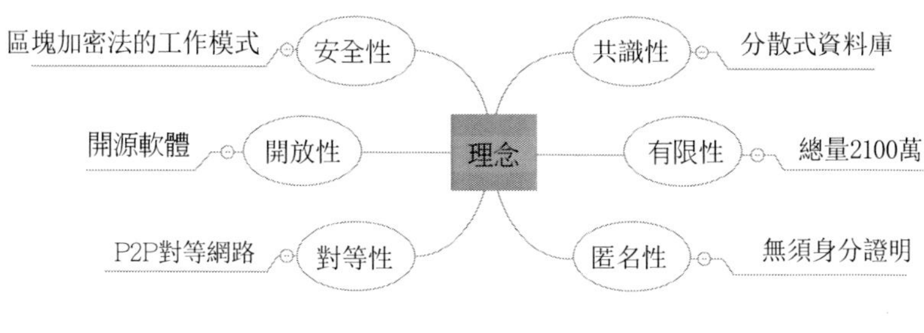

圖1-1　比特幣的特性

1.1.2　技術原理

比特幣網路透過隨機雜湊值為全部交易加上時間戳，將它們合併入一個不斷延伸的、基於隨機雜湊值的工作量證明（Proof of Work）鏈條作為交易紀錄，除非重新完成全部的工作量證明，否則形成的交易紀錄將不可更改。最長的鏈條不僅將被作為觀察到的事件序列（Sequence）的證明，而且被看做是來自 CPU 運算能力最大的池（Pool）。只要大多數的 CPU 運算能力都沒有打算聯合起來對全網進行攻擊，那麼誠實的節點將會生成最長的、超過攻擊者的鏈條。

1　交易

交易是比特幣系統中最重要的部分。系統中任何其他部分都是為確保比特幣交易可以被生成，能在比特幣網路中得以傳播和透過驗證，並最終被添加至全球比特幣交易總帳本（比特幣區塊鏈）。比特幣交易的本質是資料結構，這些資料結構中存放的是貨幣所有權的流轉資訊，所有權登記在比特幣地址上。表1-1給出了比特幣交易紀錄的詳細結構。這些資訊是全網公開的，以明文形式儲存（比特幣系統裡的所有數據都是明文），只有當需要轉移貨幣所有權時，才需要用私鑰簽名來驗證。

表 1-1　比特幣交易紀錄的結構

字段名稱	作用	大小
生成時間	本次交易嵌入到區塊中的時間	4 位元組
引用交易的雜湊值	本次交易的 merkle 節點的雜湊值，用於確認交易沒有被偽造和重複	32 位元組
交易紀錄索引編號	該編號作为交易地址查詢的入口	4 位元組
比特幣支出地址	記錄了本次交易中比特幣支出地址的資訊	16 位元組
支出地址數量	本次交易中比特幣支出地址的數量	4 位元組
版本	該比特幣協議的版本號	4 位元組
本次交易的數位簽名	記錄本次交易的數位簽名資訊	不確定
比特幣接收地址	記錄了本次交易中比特幣接收地址的資訊	16 位元組
接收地址數量	本次交易中比特幣接收地址的數量	4 位元組
該條紀錄的大小	記錄了本條紀錄的大小	大於 2 位元組

一枚電子貨幣是這樣的一串數位簽章：每一位所有者透過對前一次交易和下一位擁有者的公鑰（Public Key）簽署一個隨機雜湊的數位簽章，並將這個簽名附加在這枚電子貨幣的末尾，電子貨幣就發送給了下一位所有者，而收款人透過對簽名進行檢驗，就能夠驗證該鏈條的所有者，具體交易模式如圖 1-2 所示。

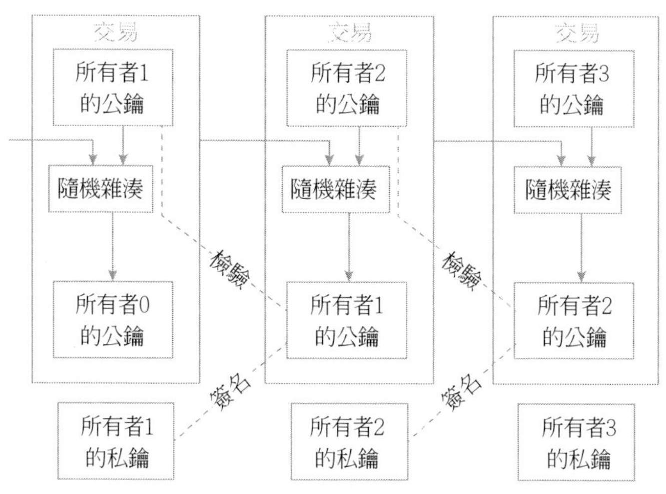

圖1-2　交易模式

該過程的問題在於，收款人將難以檢驗之前的某位所有者是否對這枚電子貨幣進行了雙重支付。通常的解決方案是引入可信的第三方權威，或者類似於造幣廠的機構，來對每一筆交易進行檢驗，以防止雙重支付。在每一筆交易結束後，這枚電子貨幣就要被造幣廠回收，同時造幣廠將發行一枚新的電子貨幣；而只有造幣廠直接發行的電子貨幣才算作有效，這樣就能夠防止雙重支付。該解決方案的問題在於，整個貨幣系統的命運完全依賴於運作造幣廠的公司，因為每一筆交易都要經過該造幣廠的確認，它就像是一家銀行。

我們需要收款人能夠採取某種方法，來確保之前的所有者沒有對更早發生的交易實施簽名。從邏輯上看，為了達到目的，實際上需要關注的只是本次交易之前發生的交易，而不需要關注這筆交易發生之後是否會有雙重支付的嘗試。為了證明某一次交易是不存在的，唯一的方法就是獲悉之前發生過的所有交易資訊。在造幣廠模型裡，造幣廠獲悉所有的交易，並且決定交易完成的先後順序。如果想要在電子系統中排除第三方中介機構，那麼交易資訊就應當公開宣布[2]。這就需要整個系統內的所有參與者，都有唯一公認的歷史交易序列。收款人需要確保在交易期間絕大多數的節點都認同該交易是首次出現。

2 區塊

在比特幣網路中，資料以文件的形式被永久記錄，這些紀錄稱之為區塊。一個區塊是一些或所有最新比特幣交易的紀錄集，且未被其他先前的區塊記錄。可以把區塊想像為一個股票交易帳本。在絕大多數情況下，新區塊一旦被加入到紀錄的最後（在比特幣中的名稱為區塊鏈），就再也不能改變或刪除。每個區塊記錄了它被創建之前發生的所有事件。

區塊主要由兩部分構成，即區塊頭和區塊體。區塊頭用於連結到前面的塊，並為區塊鏈資料庫提供完整性的保證，區塊體包含了經過驗證的、區塊創建過程中發生的價值交換的所有紀錄。具體地講，每個資料塊包括神奇數、區塊大小、區塊頭部資訊、交易計數、交易詳情等部分。表 1-2 描述了資料塊的具體結構[3]。其中，最後一項「交易詳情」記錄了該區塊中的所有交易資訊。

表 1-2　資料塊的結構

欄位	描述	大小
神奇數	總是 0xD9B4BEF9，作为區塊之間的分隔符	4 位元組
區塊大小	記錄了當前區塊的大小	4 位元組
區塊頭部資訊	記錄了當前區塊的頭部資訊	80 位元組
交易計數	當前區塊記錄的交易數	1~9 位元組
交易詳情	記錄了當前區塊的所有交易資訊	無特定參考值

區塊頭中記錄了版本號、父區塊雜湊值、Merkle 根雜湊、時間戳、難度目標、隨機數（Nonce）等資訊，具體的結構如表 1-3 所示[4]。隨機數（Nonce）

是一個挖礦難度的答案，該答案對於每個區塊都是唯一的。新區塊如果沒有正確的答案，是不能被發送到網路中的。「挖礦」過程的本質是在競爭中「解決」當前區塊，即確認該區塊的記帳權。每個區塊中的數學問題難以解決，但是一旦發現了一個有效解，其他網路節點很容易驗證這個解的正確性。對於給定的區塊可能有多個有效解，但對於要解決的區塊來說只需要一個解。每解決一個區塊，都會得到新產生的比特幣獎勵，因此每個區塊包含一個紀錄，紀錄中的比特幣地址是有權獲得比特幣獎勵的地址。這個紀錄被稱為生產交易或者 Coinbase 交易，它經常是每個區塊的第一筆交易。

表 1-3　區塊頭部的結構

欄位	描述	大小
版本號	版本號用於跟蹤軟體 / 協議的更新	4 位元組
父區塊雜湊值	引用區塊鏈中父區塊的雜湊值	32 位元組
Merkle 根雜湊	該區塊中交易的 Merkle 樹的根雜湊	32 位元組
時間戳	該區塊產生的近似時間 （精確到秒的 UNIX 時間戳）	4 位元組
難度目標	該區塊工作量證明算法的難度目標	4 位元組
隨機數（Nonce）	用於工作量證明算法的計數器	4 位元組

區塊雜湊值更準確的名稱應該是區塊頭雜湊值，透過 SHA-256 演算法對區塊頭進行二次雜湊演算得到。區塊雜湊值可以唯一、明確地標識一個區塊，並且任何節點透過簡單地對區塊頭進行雜湊演算都可以獨立地獲取該區塊的雜湊值。但是，區塊雜湊值實際上並不包含在區塊的資料結構裡，不管該區塊是在網路上傳輸，還是它作為區塊鏈的一部分被儲存在某節點的永久性儲存設備上時。實際上區塊雜湊值是當該區塊從網路中被接收時，由每個節點運算出來的。區塊的雜湊值可能會作為區塊元資料的一部分被儲存在一個獨立的資料庫表中，以便於索引和更快地從磁碟中檢索區塊。

由於每一個區塊的區塊頭都包含了前一區塊的雜湊值，這就使得從第一個區塊至當前區塊連接在一起後形成一條長鏈，即比特幣區塊鏈。第一個區塊由中本聰在北京時間二〇〇九年一月四日 02：15：05 創建，該區塊也被稱為「創世區塊」（Genesis Block）[5]。新版本的比特幣系統將它設定為 0 號區塊，而舊版本的比特幣系統設定它的序號為 1。它是比特幣區塊鏈裡所有區塊的共同祖先，這意味著從任一區塊循鏈向前回溯，最終都將到達創世區塊。每一個節點都「知道」創世區塊的雜湊值、結構、被創建的時間和裡面的一個交易。因此，每個節點都把該區塊作為區塊鏈的首區塊，從而構建成了一個安全的、可信的區塊鏈的根。

3　時間戳伺服器

比特幣的本質是構造了一個永不停息、無堅不摧的時間戳系統。時間戳伺服器透過對以區塊形式存在的一組數據實施隨機雜湊演算，並加上時間戳，然後將該隨機雜湊值進行廣播，就像在新聞或世界性新聞網路的發文一樣[6]，如圖 1-3 所示。顯然，該時間戳能夠證實特定數據必然於某特定時刻是的確存在的，因為只有在該時刻存在了，才能獲取相應的隨機雜湊值。每個時間戳應當將前一個時間戳納入其隨機雜湊值中，每一個隨後的時間戳都對之前的一個時間戳進行增強，這樣就形成了一個鏈條[7～9]。

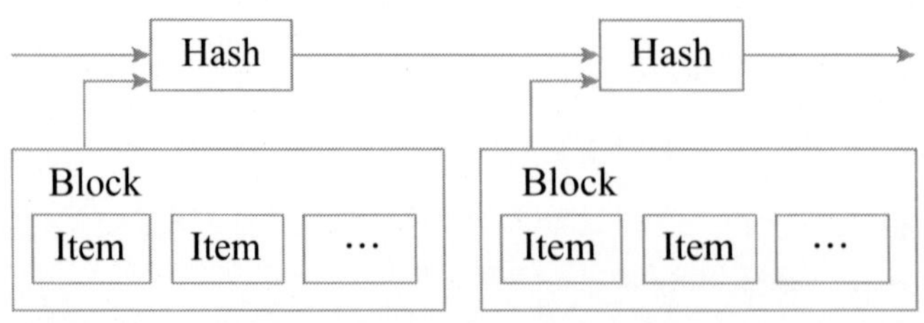

圖1-3　時間戳伺服器工作示意圖

4 雙花問題

加密數位貨幣和其他數位資產一樣，具有無限可複製性的缺陷，例如同一個文件可以透過附件的形式保存並發送任意多次。如果沒有一個中心化的機構，人們無法確認一筆數字現金或資產是否已經被花掉或提取。為了解決「雙花」問題，可以透過可信賴的第三方機構保留交易總帳，從而保證每筆現金或資產只被花費或提取過一次。在區塊鏈中，每一個區塊都包含了上一個區塊的雜湊值，從創始區塊開始連結到當前區塊，從而形成區塊鏈。每一個區塊都要確保按照時間順序在上個區塊之後產生，否則前一個區塊的雜湊值是未知的。同時，由於區塊鏈中所有交易都要進行對外廣播，所以只有當包含在最新區塊中的所有交易都是獨一無二且之前從未發生過，其他節點才會認可該區塊。因此在區塊鏈中，要想「雙花」會非常困難。

5 拜占庭將軍問題

拜占庭將軍問題 [10] 是一個共識問題，其核心描述的是軍中可能有叛徒，卻要保證進攻的一致。由此引申到運算領域，發展成為一種容錯理論。隨著比特幣的出現和興起，這個著名的問題又重新進入大眾視野。

關於拜占庭將軍問題，一個簡易的非正式描述如下：拜占庭帝國想要進攻一個強大的敵人，為此派出了十支軍隊去包圍這個敵人。這個敵人雖不比拜占庭帝國強大，但也足以抵禦五支常規拜占庭軍隊的同時襲擊。基於一些原因，這十支軍隊不能集合在一起單點突破，必須在分開的包圍狀態下同時攻擊。他們中的任意一支軍隊單獨進攻都毫無勝算，除非有至少六支軍隊同時襲擊才能攻下敵國。他們分散在敵國的四周，依靠通訊兵相互通訊來協商進攻意向及進攻時間。困擾拜占庭將軍們的問題是，他們不確定軍隊內部是否有叛徒，而叛徒可能擅自變更進攻意向或者進攻時間。在這種狀態下，拜占庭將軍們能否找到一種分散式的協議來讓他們能夠遠程協商，從而贏取戰鬥？

如果每支軍隊向其他九支軍隊各派出一名信使，那麼就是十支軍隊每支派出了九名信使，也就是在任何一個時間有總計九十次的資訊傳輸。每支軍隊將分別收到九封信，每一封信可能寫著不同的進攻時間。此外，部分軍隊會答應超過一個的攻擊時間，故意背叛發起人，因此他們將重新廣播超過一條的資訊鏈。這使得整個系統迅速變質成不可信的資訊和攻擊時間相互矛盾的糾結體。

比特幣透過對這個系統做一個簡單的修改並解決了這個問題，它為發送資訊加入了成本，這降低了資訊傳遞的速率，並加入了一個隨機元素以保證在同一個時間只有一支軍隊可以進行廣播。它加入的成本是「工作量證明」，這是基於運算一個隨機雜湊的演算法。

6 工作量證明

為了在點對點的基礎上構建一組分散化的時間戳伺服器，僅僅像報紙或世界性新聞網路組一樣工作是不夠的，我們還需要一個類似於亞當·貝克（Adam Back）提出的雜湊現金機制[11]。在進行隨機雜湊演算時，工作量證明機制引入了對某一個特定值的掃瞄工作，比如在 SHA-256 下，隨機雜湊值以一個或多個 0 開始。隨著 0 的數目的增加，找到這個解所需要的工作量將呈指數成長，但是檢驗結果僅需要一次隨機雜湊演算。

假設在區塊中補增一個隨機數，這個隨機數要能使該給定區塊的隨機雜湊值出現所需的那麼多個 0。透過反覆嘗試來找到這個隨機數，直到找到為止，這樣就構建了一個工作量證明機制。只要該 CPU 耗費的工作量能夠滿足該工作量證明機制，那麼除非重新完成相當的工作量，否則該區塊的資訊是不可更改的。由於之後的區塊是連結在該區塊上的（如圖 1-4 所示），所以想要更改該區塊中的資訊，就需要重新完成之後所有區塊的全部工作量。

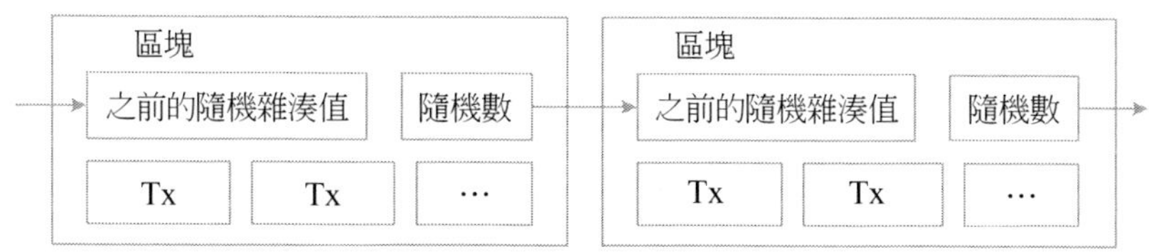

圖1-4　區塊鏈示意圖

同時，該工作量證明機制還解決了在集體投票表決時，誰是大多數的問題。如果決定大多數的方式是基於 IP 地址的，一個 IP 地址一票，那麼如果有人擁有分配大量 IP 地址的權力，則該機制就被破壞了。而工作量證明機制的本質則是一個 CPU 只能投一票。「大多數」的決定表達為最長的鏈，因為最長的鏈包含了最大的工作量。如果大多數的 CPU 為誠實的節點控制，那麼誠實的鏈條將以最快的速度延長，並超越其他的競爭鏈條。如果想要對已出現的區塊進行修改，攻擊者必須重新完成該區塊的工作量，外加該區塊之後所有區塊的工作量，並最終趕上和超越誠實節點的工作量。

另一個問題是，硬體的運算速度在高速成長，且節點參與網路的程度會有所起伏。為了解決這個問題，工作量證明的難度將採用行動平均目標的方法來確定，即難度根據預設的每小時生成區塊的平均速度來調整。如果區塊生成的速度過快，那麼難度就會提高。

7　網路

運行比特幣網路的步驟如下：

01 新的交易向全網進行廣播；

02 每一個節點都將收到的交易資訊納入一個區塊中；

03 每一個節點都嘗試在自己的區塊中找到一個具有足夠難度的工作量證明;

04 當一個節點找到了一個工作量證明，它就向全網進行廣播;

05 當且僅當包含在該區塊中的所有交易都有效，且是之前未存在過的，其他節點才認同該區塊的有效性;

06 其他節點表示它們接受該區塊，而表示接受的方法，是在跟隨該區塊的末尾，製造新的區塊以延長該鏈條，被接受區塊的隨機雜湊值將視為先於新區塊的隨機雜湊值。

節點始終都將最長的鏈條視為正確的鏈條，並持續工作和延長它。如果有兩個節點同時廣播不同版本的新區塊，那麼其他節點在接收到該區塊的時間上將存在先後差別。此時，它們將在率先收到的區塊基礎上進行工作，但也會保留另外一個鏈條，以防後者變成最長的鏈條。該僵局的打破要等到下一個工作量證明被發現，當其中的一條鏈條被證實為是較長的一條時，在另一條分支鏈條上工作的節點將轉換陣營，開始在較長的鏈條上工作。

所謂「新的交易要廣播」，實際上不需要抵達全部的節點。只要交易資訊能夠抵達足夠多的節點，那麼它們將很快被整合進一個區塊中。區塊的廣播對被丟棄的資訊是具有容錯能力的。如果一個節點沒有收到某特定區塊，那麼該節點將會發現自己缺失了某個區塊，也就可以提出下載該區塊的請求。

8 激勵

系統約定：每個區塊的第一筆交易進行特殊化處理，該交易產生一枚由該區塊創造者擁有的新的電子貨幣。這樣就增加了節點支持該網路的激勵，並在沒有中央集權機構發行貨幣的情況下，提供了一種將電子貨幣分配到流通領域的方法。這種將一定數量新貨幣持續增添到貨幣系統中的方法，與耗費資源去挖掘金礦並將黃金注入到流通領域非常類似。此時，CPU 的運算時間和電力消耗就是消費的資源。

另外一個激勵的來源則是交易費。如果某筆交易的輸出值小於輸入值，那麼差額就是交易費，該交易費將被增加到該區塊的激勵中。只要既定數量的電子貨幣已經進入流通，那麼激勵機制就可以逐漸轉換為完全依靠交易費，本貨幣系統也就能夠免於通貨膨脹。

激勵系統也有助於鼓勵節點保持誠實。如果有一個貪婪的攻擊者能夠調集比所有誠實節點加起來還要多的 CPU 運算力，那麼他就面臨一個選擇：要麼將其用於誠實工作產生新的電子貨幣，要麼將其用於進行二次支付攻擊。這樣他就會發現，按照規則行事、誠實工作是更有利可圖的。因為該規則能夠使他擁有更多的電子貨幣，而不是破壞這個系統使得其自身財富的有效性受損。

9 回收硬碟空間

如果最近的交易已經被納入了足夠多的區塊之中，那麼就可以丟棄該交易之前的數據，以回收硬碟空間。為了同時確保不損害區塊的隨機雜湊值，交易資訊被隨機雜湊演算時，構建成一種雜湊樹（Merkle Tree）的形態[12、13]，使得只有樹根被納入區塊的隨機雜湊值，如圖 1-5 所示。透過將該樹的分支拔除的方法，老區塊就能被壓縮，而該樹內部的隨機雜湊值是不必保存的。

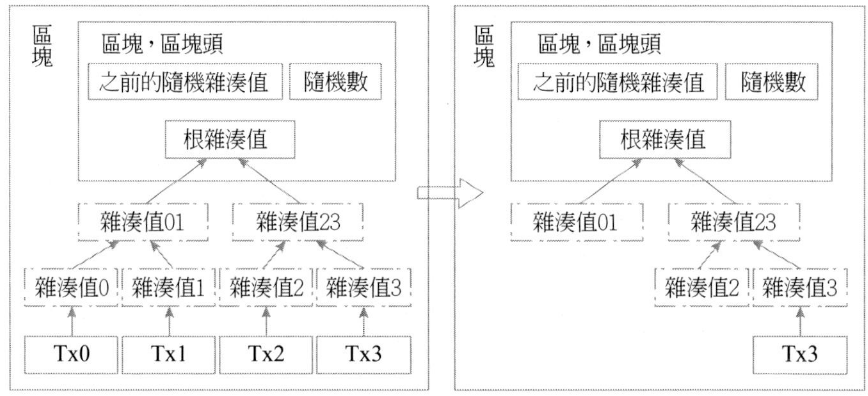

圖1-5 雜湊樹

不含交易資訊的區塊頭（Block Header）大小僅有八十位元組。如果設定區塊生成的速率為每十分鐘一個，那麼每一年產生的數據為4.2MB（80bytes×6×24×365=4.2MB）。二〇〇八年，PC系統通常的記憶體容量為2GB，按照摩爾定律的預言，即使將全部的區塊頭儲存於記憶體之中都不是問題。

10 簡化的支付確認

在不運行完整網路節點的情況下，系統也能夠對支付進行檢驗。一個用户需要保留最長工作量證明鏈條的區塊頭的副本，它可以不斷向網路發起詢問，直到它確信自己擁有最長的鏈條，並能夠透過雜湊樹的分支通向它被加上時間戳並納入區塊的那次交易。節點想要自行檢驗該交易的有效性原本是不可能的，但透過追溯到鏈條的某個位置，它就能看到某個節點曾經接受過它，並且於其後追加的區塊也可進一步證明全網曾經接受了它。圖1-6為最長工作量證明的示意圖。

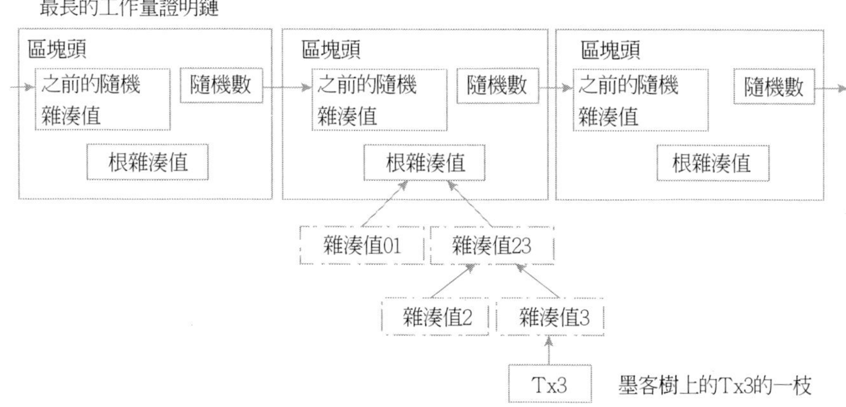

圖1-6　最長工作量證明示意圖

此時，只要誠實的節點控制了網路，檢驗機制就是可靠的。但是，當全網被一個運算力占優的攻擊者攻擊時，將變得較為脆弱，因為網路節點能夠自行確認交易的有效性，只要攻擊者能夠持續地保持運算力優勢，簡化的機制會被攻擊者偽造的（Fabricated）交易欺騙。一個可行的策略是，只要發現了一個無效的區塊，就立刻發出警報，收到警報的用户將立刻開始下載被警告有問題的區塊或交易的完整資訊，以便對資訊的不一致進行判定。對於日常會發生大量收付業務的商業機構，可能仍會希望運行他們自己的完整節點，以保持較大的獨立完全性和檢驗的快速性。

11　價值的組合與分割

雖然可以對單個電子貨幣進行處理，但是對於每一枚電子貨幣單獨發起一次交易是一種笨拙的辦法。為了使價值易於組合與分割，交易被設計為可以納入多個輸入和輸出，如圖 1-7 所示。一般而言是某次價值較大的前次交易構成的單一輸入，或者由某幾個價值較小的前次交易共同構成的平行輸入。但是輸出最多只有兩個：一個用於支付；另一個用於找零。

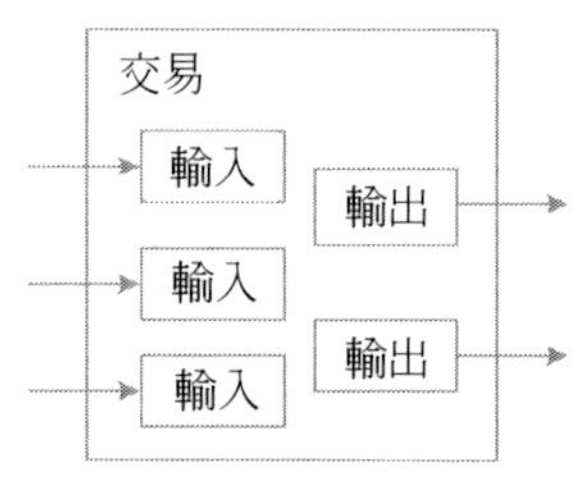

圖1-7　交易資訊

需要指出的是，雖然一筆交易依賴之前的多筆交易，這些交易又各自依賴於多筆交易，但是這並不存在任何問題。因為這種工作機制並不需要展開檢驗之前發生的所有交易歷史。

12　隱私

傳統的造幣廠模型為交易的參與者提供了一定程度的隱私保護，因為試圖向可信任的第三方索取交易資訊是嚴格受限的，但是如果將交易資訊向全網進行廣播，就意味著這樣的方法失效了。然而隱私依然可以得到保護：將公鑰保持為匿名。公眾得知的資訊僅僅是有某個人將一定數量的貨幣發送給了另外一個人，但是難以將該交易同某個特定的人聯繫在一起。也就是說，公眾難以確信，這些人究竟是誰。這同股票交易所發布的資訊是類似的，每一手股票買賣發生的時間、交易量是記錄在案且可供查詢的，但是交易雙方的身份資訊卻不予透露。傳統隱私模型與新隱私模型的對比如圖 1-8 所示。

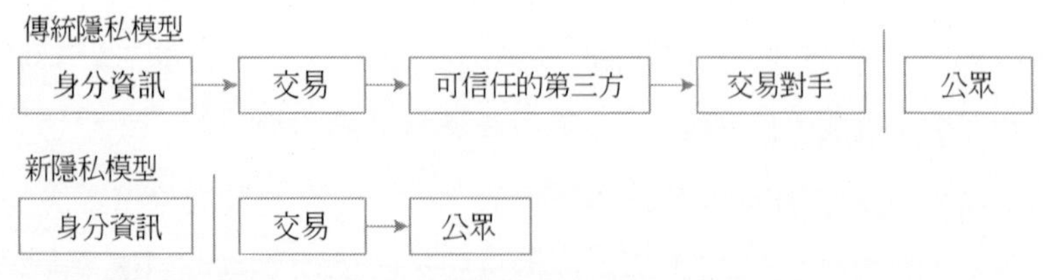

圖1-8　隱私模型

作為額外的預防措施，使用者可以讓每次交易都生成一個新的地址，以確保這些交易不被追溯到一個共同的所有者。不過由於存在平行輸入，一定程度上的追溯還是不可避免，因為平行輸入暗示這些貨幣都屬於同一個所有者。此時的風險在於，如果某個人的某一個公鑰被確認屬於他，那麼就可以追溯出此人的其他很多交易。

1.1.3 比特幣的特點

比特幣作為一種電子貨幣，其特徵如下：

- 去中心化。比特幣是第一種分散式的虛擬貨幣，整個網路由用戶構成，沒有中央銀行。去中心化是比特幣安全與自由的保證。
- 全世界流通。比特幣可以在任意一台存取互聯網的電腦上管理。無論身處何方，任何人都可以挖掘、購買、出售或收取比特幣。
- 專屬所有權。操控比特幣需要私鑰，它可以被隔離保存在任何儲存裝置中，除了用户自己之外，無人可以獲取。
- 低交易費用。可以免費匯出比特幣，但最終對每筆交易將收取約1比特分的交易費以確保交易能更快地被執行。
- 無隱藏成本。作為由A到B的支付手段，比特幣沒有繁瑣的額度與手續限制，知道對方比特幣地址就可以進行支付。
- 跨平台挖掘。用户可以在眾多平台上發掘不同硬體的運算能力。
- 區別於傳統貨幣，比特幣具有以下明顯的優點：
- 完全去中心化。比特幣沒有發行機構，也不可能操縱發行數量，其發行與流通，是透過開放的P2P演算法實現的。
- 匿名、免稅、免監管。
- 健壯性。比特幣完全依賴P2P網路，無發行中心，所以外部無法關閉它。比特幣價格可能波動、崩盤，多國政府可能宣布它非法，但比特幣和比特幣龐大的P2P網路不會消失。

- 無國界、跨境。跨國匯款需要經過層層外匯管制機構，而且交易紀錄會被多方記錄在案。但如果使用比特幣交易，則直接輸入IP地址，按一下滑鼠，等待P2P網路確認交易後，大量資金就轉過去了，它不需要經過任何管控機構，也不會留下任何跨境交易紀錄。
- 山寨者難於生存。由於比特幣演算法完全開放，誰都可以下載到原始碼，修改些參數並重新編譯，就能創造出一種新的P2P貨幣。但這些山寨貨幣很脆弱，極易遭到51%攻擊。任何個人或組織，只要控制一種P2P貨幣網路51%的運算能力，就可以隨意操縱交易及幣值，這會對P2P貨幣構成毀滅性打擊。很多山寨幣，就是死在了這一環節上。而比特幣網路已經足夠健壯，想要控制比特幣網路51%的運算力，所需要的CPU/GPU數量將是一個天文數字。
- 雖然比特幣有較多的優點，但其自身也存在一些缺陷：
- 交易平台的脆弱性。比特幣網路很健壯，但比特幣交易平台很脆弱。交易平台通常是一個網站，而網站會遭到駭客攻擊，或者遭到主管部門的關閉。
- 交易確認時間長。比特幣錢包初次安裝時，會消耗大量時間下載歷史交易資料塊。而比特幣交易時，為了確認數據的準確性，也會消耗一些時間與P2P網路進行交互，得到全網確認後，交易才算完成。
- 價格波動極大。由於大量炒家介入，導致比特幣兌換現金的價格如雲霄飛車一般起伏，使得比特幣更適合投機，而不是匿名交易。

- 大眾對原理不理解以及傳統金融從業人員的抵制。活躍的網民瞭解P2P網路的原理，知道比特幣無法人為操縱和控制，但普通大眾並不理解，很多人甚至無法分清比特幣和Q幣的區別。「沒有發行者」是比特幣的優點，但在傳統金融從業人員看來，「沒有發行者」的貨幣毫無價值。

1.1.4 重要概念

1 地址、私鑰、公鑰

地址是為了便於人們交換比特幣而設計出來的方案，因為公鑰太長了（一百三十字串或六十六字串）。地址的長度為二十五位元組，轉為 Base58 編碼後，為三十四或三十五個字符。Base58 是類似 Base64 的編碼，但去掉了易引起視覺混淆的字符，又在地址末尾添加了四個位元組的同位位元，以保障在人們用於交換的個別字符發生錯誤時，能夠因地址檢查失敗而制止誤操作。

私鑰是非公開的，擁有者需安全保管。私鑰通常是由隨機演算法生成的，簡單地說，就是一個巨大的隨機整數，占三十二位元組。大小介於 1 ~ 0xFFFF FFFF FFFF FFFF FFFF FFFF FFFF FFFE BAAE DCE6 AF48 A03B BFD2 5E8C D036 4141 之間的數，都可以認為是一個合法的私鑰。於是，除了隨機生成方法之外，還可採用特定演算法，由固定的輸入得到三十二位元組輸出的演算法，就可以成為得到私鑰的方法。

公鑰與私鑰相對應，一把私鑰透過推導可以推出唯一的公鑰，但使用公鑰卻無法推導出私鑰。公鑰有壓縮與非壓縮兩種形式。早期比特幣均使用非壓縮公鑰，現在大部分客户端已默認使用壓縮公鑰。這個貌似是比特幣系統的一個近乎於特徵的 bug，早期編寫程式碼時人少、工作多，程式碼寫得不夠精細，加上 OpenSSL 庫的文檔不夠好，導致中本聰以為必須使用非壓縮的完整公鑰才可以。後來大家發現其實公鑰左右的兩個三十二位元組是有關聯的，由左側（x）可以推出右側（y）的平方值，這樣有左側（x）就夠用了。因此，這兩種方式共存於現在系統裡，並且應該會一直共存下去。兩種公鑰的首個位元組為標識位，壓縮公鑰為三十三位元組，非壓縮公鑰為六十五位元組。以 0X04 開頭的為非壓縮公鑰，以 0X02/0X03 開頭的為壓縮公鑰，0X02/0X03 的選取由右側（y）開方後的奇偶決定。壓縮形式可以減小 Tx/Block 的體積，每個 Tx Input 可減少 32 位元組。圖 1-9 所示為公鑰、私鑰生成的示意圖。

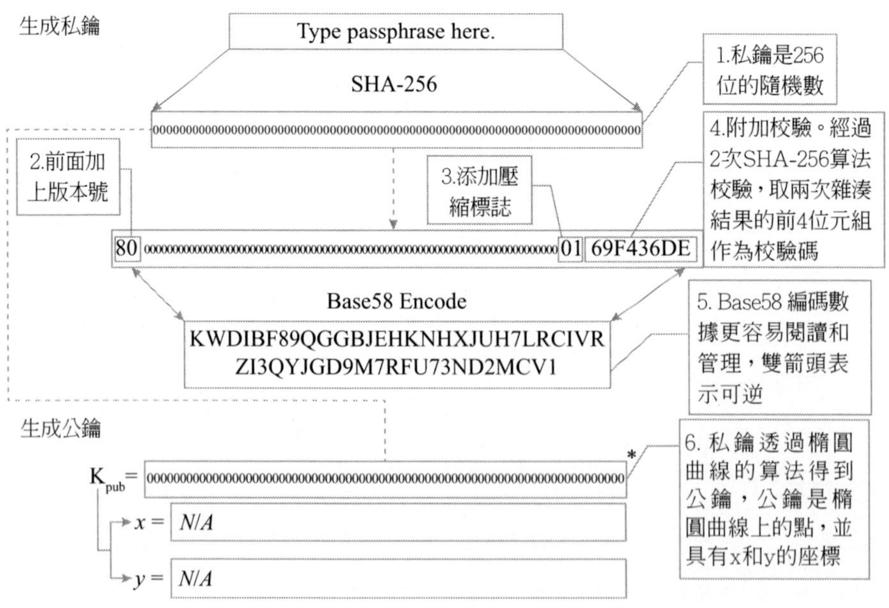

圖1-9　公鑰、私鑰生成示意圖

2 橢圓曲線數位簽章演算法

橢圓曲線數位簽章演算法（ECDSA）是使用橢圓曲線密碼（ECC）對數位簽章演算法（DSA）的模擬。ECDSA 首先由 Scott 和 Vanstone 在一九九二年為了響應 NIST 對數位簽章標準（DSS）的要求而提出。ECDSA 於一九九九年成為 ANSI 標準，並於二〇〇〇年成為 IEEE 和 NIST 標準。ECDSA 在一九九八年已為 ISO 所接受，並且包含它的其他一些標準亦在 ISO 的考慮之中。與普通的離散對數問題（Discrete Logarithm Problem，DLP）和大數分解問題（Integer Factorization Problem，IFP）不同，橢圓曲線離散對數問題（Elliptic Curve Discrete Logarithm Problem，ECDLP）沒有亞指數時間的解決方法。因此，橢圓曲線密碼的單位比特強度要高於其他公鑰體制。

數位簽章演算法（DSA）在聯邦資訊處理標準 FIPS 中有詳細論述，稱為數位簽章標準。它的安全性基於質體上的離散對數問題。橢圓曲線密碼（ECC）由 Neal Koblitz 和 Victor Miller 於一九八五年發明。它可以看作是橢圓曲線對先前基於離散對數問題（DLP）的密碼系統的模擬，只是群元素由質體中的元素數換為有限體上的橢圓曲線上的點。橢圓曲線密碼體制的安全性基於橢圓曲線離散對數問題（ECDLP）的難解性。橢圓曲線離散對數問題遠難於離散對數問題，橢圓曲線密碼系統的單位比特強度要遠高於傳統的離散對數系統。因此，在使用較短的密鑰的情況下，ECC 可以達到與 DLP 系統相同的安全級別。這帶來的好處就是運算參數更小，密鑰更短，運算速度更快，簽名也更加短小。橢圓曲線密碼尤其適用於處理能力、儲存空間、頻寬及功耗受限的場合。

3 雜湊樹

雜湊樹（Merkle Trees）是區塊鏈的基本組成部分[14]。雖然從理論上來講，沒有雜湊樹的區塊鏈也是可行的，人們只需創建直接包含每一筆交易的巨大區塊頭（Block Header）就可以實現，但這樣做無疑會帶來可擴展性方面的挑戰。從長遠發展來看，這樣做的結果是，可能只有那些最強大的電腦，才可以運行這些無須受信的區塊鏈。

雜湊樹是雜湊大量聚集數據「塊」（Chunk）的一種方式，它依賴於將這些數據「塊」分裂成較小單位（Bucket）的資料塊，每一個 Bucket 塊僅包含幾個數據「塊」，然後取每個 Bucket 單位資料塊再次進行雜湊演算，重複同樣的過程，直至剩餘的雜湊總數為 1，即根雜湊（Root Hash）。

雜湊樹最為常見和最簡單的形式，是二元雜湊樹（Binary Merkle Tree），其中一個 Bucket 單位的資料塊總是包含了兩個相鄰的塊或雜湊值，其描述如圖 1-10 所示。

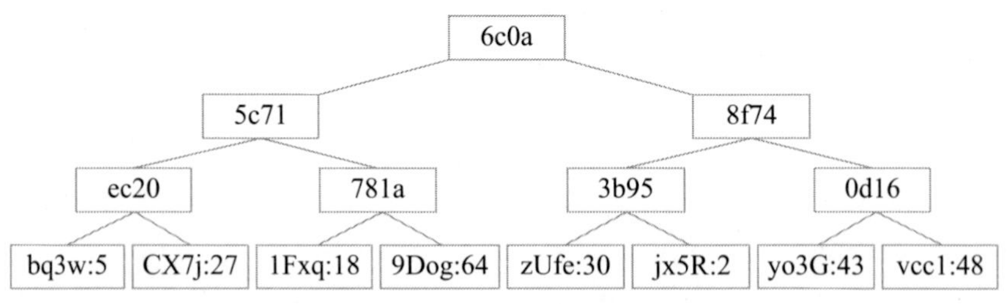

圖1-10 二元雜湊樹示意圖

那麼，採用這種奇怪的雜湊演算法有什麼好處嗎？為什麼不直接將這些資料塊串接成一個單獨的大塊，用常規的雜湊演算法進行運算呢？答案在於，它允許了一個整齊的機制，稱之為墨克證明（Merkle Proofs）。

一個墨克證明包含了一個資料塊，這棵雜湊樹的根雜湊，以及所有沿資料塊到根路徑雜湊的「分支」。有人認為，這種證明可以驗證雜湊的過程，至少是對分支而言。墨克證明的應用也很簡單：假設有一個大資料庫，而該資料庫的全部內容都儲存在雜湊樹中，並且這棵雜湊樹的根是公開並且可信的（例如，它是由足夠多個受信方進行過數位簽章的，或者它有很多的工作量證明）；當一位用户想在資料庫中進行一次鍵值查找（比如「請告訴我，位置在 85273 處的對象」），就可以詢問墨克證明，並接收到一個正確的驗證證明（收到的值，實際上是資料庫在 85273 位置上的特定根）。墨克證明允許了一種機制，這種機制既可以驗證少量的數據，例如一個雜湊值，也可以驗證大型的資料庫（可能擴至無限）。

墨克證明的原始應用是比特幣系統。比特幣區塊鏈使用墨克證明，為的是將交易資訊儲存在每一個區塊中。這樣做的好處就是中本聰所描述的「簡化支付驗證」（SPV），而不必下載每一筆交易以及每一個區塊。比如，一個「輕客户端」（Light Client）可以僅下載鏈的區塊頭，資料塊大小為八十位元組，每個區塊頭中僅包含五項內容：上一區塊頭的雜湊值、時間戳、挖礦難度值、工作量證明隨機數，以及包含該區塊交易的雜湊樹的根雜湊。圖 1-11 所示為 Tx3 的雜湊樹分支。

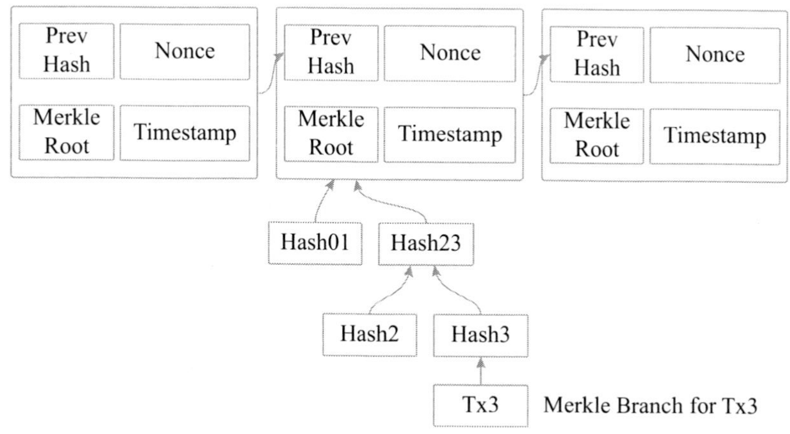

圖1-11　Tx3的雜湊樹分支

如果一個輕客户端希望確定一筆交易的狀態，它可以簡單地要求一個墨克證明，顯示出一個雜湊樹特定的交易，其根是在主鏈（Main Chain）非分岔鏈上的區塊頭。

這種機制會讓我們走得很遠，但比特幣的輕客户端確實有其局限性。一個特別的限制是，雜湊樹雖然可以證明包含的交易，但無法證明任何當前的狀態（如數位資產的持有、名稱的註冊、金融合約的狀態等）。舉例來說，你現在擁有多少個比特幣？一個比特幣輕客户端，可以使用一種協議，它將涉及查詢多個節點，並相信其中至少有一個節點會通知你，關於你的地址中任何特定的交易支出，這可以讓你實現更多的應用。但對於其他更為複雜的應用而言，這些是遠遠不夠的。一筆交易影響的確切性質，取決於之前的幾筆交易，而這些交易本身則依賴於更早的交易，所以最終你可以驗證整個鏈上的每一筆交易。

4 雜湊現金

比特幣使用一種名叫「雜湊現金」[11]（Hash Cash）的工作量證明演算法，這種演算法的出現早於比特幣。最初創造這種演算法的目的，只是使之成為反 DOS 攻擊的工具。雜湊現金的靈感來自於這樣一個想法，即採用一些數學演算法的結果難於發現且易於校驗。一個眾所周知的例子是因數分解一個大的數字（尤其是因數較少的數字）。將數字相乘來獲得它們的乘積的代價是低廉的，但找到那些因數的代價卻要高得多。

對交互式協商來說，使用因數分解法就足以勝任。比如，希望客户端能象徵性地付出代價才能訪問線上資源。這個時候可以定義一個協議，首先伺服器向客户端發送一個消息，說「只要您能因數分解這個數，我將讓您得到這個資源」。這樣，沒有誠意的客户端將無法得到伺服器上的資源，只有那些能夠證明自己有足夠的興趣、肯付出一些 CPU 週期來回答這個協商的客户端才能得到這個資源。

不過，有一些資源無法很方便地進行交互式協商，比如，反垃圾電子郵件或者支付交易。怎麼才能避免郵箱不被垃圾郵件所占據？一些人會說「我並不介意陌生人給我寫信，但是，我希望他們能以稍微認真些的態度，透過對我有價值的郵件親自與我取得聯繫。至少，我不希望他們是垃圾郵件製造者，那些人向我甚至上百萬人發送包含同樣消息的郵件，期望有人能購買某種產品或者落入一個騙局。」而對於電子貨幣，其內容的複製也幾乎是沒有代價的。如何保證電子貨幣（內容）沒有被交易（發送）多次？這和反垃圾郵件面臨的是同樣的問題。

雜湊現金的解決方法是：在電子郵件的消息端，增加一個雜湊現金戳記（Hash Cash Stamp）雜湊值，該雜湊值中包含收件人地址、發送時間、Salt值。該雜湊值特別之處在於，它至少前二十位必須是 0 才是一個合法的雜湊現金戳記。為了得到合法的雜湊值，發送者必須經過許多次嘗試（改變 Salt值，即系統用來和用户密碼進行組合而生成的隨機數值）才能獲得。一旦生成戳記，希望每一個給我發送郵件的垃圾郵件製造者都不能重複使用該戳記。所以，雜湊現金戳記要帶一個日期，這樣可以判定比指定時間更早的戳記是非法的。另外，雜湊現金的接收端要實現一個重複支付資料庫，用來記錄戳記的歷史資訊。

5 51%攻擊

一提到對比特幣的攻擊，大部分人想到的就是 51% 攻擊 [15]。51% 攻擊是指某個客户端或組織掌握了比特幣全網的 51% 的算力（Hash Rate）之後，用這些算力來重新運算已經確認過的區塊，使區塊鏈產生分叉並且獲得利益的行為。對於 51% 算力擁有者，他不僅能夠修改自己的交易紀錄並進行雙重支付，還能阻止區塊確認部分或者全部交易，以及阻止部分或全部礦工開採到

任何有效的區塊。但是，他並不能修改其他人的交易紀錄，阻止交易被發送出去（交易會被發出，只是顯示 0 個確認而已），卻透過改變每個區塊產生的比特幣數量，憑空產生比特幣，以及把不屬於他的比特幣發送給自己或其他人。

假如 A 掌握了整個網路 51% 的算力，則可以運算出這樣一個區塊鏈：其中包含 A 所有發送到 A 私人帳户上的比特幣交易資訊。此時該區塊鏈的長度為十，但是 A 不向網路廣播並把所有的比特幣在交易市場換成美元並提取出來，而且這筆交易紀錄在正常的那個區塊鏈中。當 A 的美元正在提取時，那個正常的區塊鏈的長度是九，而 A 的區塊鏈長度是十。現在 A 才向網路廣播出去，然後觀察，發現網路會確認 A 的區塊鏈是正確的，但是實際上美元已經被 A 提取了，損失的是交易市場。

發動 51% 攻擊必須具備兩個條件。第一，必須掌握足夠的算力。無論是控制礦池，還是利用其他運算資源，總之必須使攻擊者的算力領先於現在網路的總算力。領先的幅度越大，成功的可能性越高。第二，拿到足夠的比特幣作為籌碼，無論是自己挖到的，還是從任何管道買的，都可以。只有具備這兩個條件，才能發起 51% 攻擊。攻擊過程首先是將手中的比特幣加值到各大交易所，然後賣掉，提現，或者也可以直接賣給某人或某一群人；再運用手中的算力，從自己付款交易之前的區塊開始，忽略自己所有的付款交易，重新構造後面的區塊，利用算力優勢與全網賽跑；當最終創建的區塊長度超過原主分支區塊，成為新的主分支，便完成攻擊。一旦攻擊完成，自己所有的對外付款交易將被撤銷，等於收回所有已賣掉的比特幣。

過去幾年內，比特幣網路的算力悄無聲息地成長到了無比之大，這大大增加了比特幣被 51% 攻擊成功的可能性。在依賴密碼學的數位貨幣領域，先發優勢是非常明顯的。51% 攻擊對於比特幣來說並不是一個什麼大問題（早在二〇一三年七月，比特幣全網算力已經達到世界前五百強超級電腦算力之和的二十倍），所以即使有政府集全國之力祕密造出一台超級電腦，用於擊潰比特幣來挽救自己的貨幣發行體系，但它會發現使用該能力進行挖礦便可壟斷比特幣的發行權，其收益會遠大於擊潰比特幣，因而動機也就不復存在了。

6 冷錢包

一直以來，比特幣行業的安全深受詬病，二〇一四年三月曾是世界最大的比特幣交易平台的 Mt.Gox 總計遺失了八十五萬枚比特幣；二〇一五年二月十四日 BTER 存錢罐丟失總額為七千一百七十個比特幣。比特幣的理想是構建一種金融社交網路，實現人類的金融民主。時至今日，比特幣的基礎技術架構仍有很大的提升空間。比特幣交易平台、線上錢包等如何安全地保存大量比特幣是整個行業面臨的重要問題。比特幣的安全是基於比特幣的核心加密演算法和私鑰的安全保存。密碼學界認為比特幣的密碼學基礎（SHA-256 和 EDSA）在目前的解密技術能力下，是絕對安全的。比特幣安全的主要問題就在於私鑰的保存，所以業界通常採用冷錢包的方式（絕對不接觸互聯網的錢包）來保存大量的比特幣。

比特幣錢包的冷儲存[16]（Cold Storage）是一種將錢包離線保存的方法。具體來說，用户在一台離線的電腦上生成比特幣地址和私鑰，並將其妥善保存起來，以後由挖礦或者在交易平台得到的比特幣都可以發送到這個離線生成的比特幣地址上面。由這台離線電腦生成的私鑰永遠不會在其他線上終端或者網路上出現。

使用比特幣錢包冷儲存技術主要是出於安全上的考慮，舉兩個例子：

例一，某比特幣超級大户想保證他的比特幣錢包絕對安全，即使在電腦被駭客入侵的情況下，駭客依然得不到比特幣私鑰。為此，這位大户必須使用冷儲存技術，離線生成幾對比特幣地址和私鑰，作為冷儲存的錢包，以後所有需要儲存的比特幣都發送到這些地址上面，這就初步保證了比特幣的安全。

例二，某比特幣交易平台每天都有龐大的比特幣用户群活動，這些用户在平台上存有數以萬計的比特幣，為了保證這些比特幣的安全，交易平台的管理人員便每天定時將主機伺服器上所儲存的比特幣放入冷儲存錢包中，而只在伺服器上保存少量的比特幣，來應付正常的提現請求。這樣，就算有駭客入侵了交易平台主機，也無法得到用户所儲存的比特幣。

那麼如何進行冷儲存呢？首先是私鑰的產生和備份，步驟如下：

01 在完全離線的電腦上生成一萬個私鑰及對應的地址，並對私鑰進行AES加密，然後刪除原始私鑰；

02 將AES密碼由兩個分屬異地的人掌握；

03 將加密後的私鑰和明文地址生成QR Code加密文檔，透過掃瞄完全離線電腦生成地址文檔QR Code，用於日常使用。

熱錢包往冷錢包匯幣，每次必須是一個未使用過的地址，每個地址不可重複使用，然後從線上往冷錢包匯幣，步驟如下：

01 從地址文檔中取出相應地址；

02 根據安全級別，每個地址匯不超過一千枚比特幣，每個地址使用一次之後就不可再使用。

最後是從冷錢包取幣，取幣過程如下：

01 把私鑰密文透過QR Code掃瞄放入完全離線電腦；

02 掌握AES密碼的人在完全離線電腦上進行解密，獲得私鑰明文。透過QR Code掃瞄把私鑰明文導入到另一台完全離線的電腦中，在另一台完全離線電腦上進行簽名交易，並把簽名後的交易透過QR Code或隨身碟同步至有網路的電腦中並廣播交易。

7 閃電網路

比特幣閃電網路[17]（Bitcoin Lightning Network）是一項針對比特幣的設計改進，它可以讓用户以去中心化的方式進行小額支付。該網路透過在用户間增補雜湊化時間鎖合約（Hashed Time Lock Contracts）來解決比特幣規模問題和立即支付問題。目前，該項目面臨的首要問題是「軟分叉」，即修改比特幣協議，無效化之前的區塊和交易，同時舊節點依然可以識別新的有效區塊。

與當今的金融系統相比，Visa 在標準的節假日每秒能處理四萬五千筆交易，通常的一個營業日則為數億次交易，然而比特幣現在每秒僅能支持約七筆交易，同時還會受到區塊鏈大小的限制。要想實現每秒四萬五千筆交易，比特幣必須進行離線處理。

閃電網路的工作原理可能聽起來比較複雜，本質的工作原理非常類似於如下這個例子：假設所有的比特幣交易能夠在一個開放的論壇（比特幣公共帳户）中探討，閃電網路在特定的時間段內可以讓各方進入到一個密閉的房間（在此段時間內進行賒帳交易）；在合約時間結束時，再將那些交易廣播到比特幣網路上，這樣可以保證區塊鏈上保存最小化的資訊。比特幣閃電網路與現行的金融系統解決同類問題的方式極為相似。

8 多重簽名

一般來說，一個比特幣地址對應一個私鑰，動用這個地址中的資金需要私鑰的掌握者發起簽名才行。而多重簽名[18]地址，可以有三個相關聯的私鑰，用户需要其中的兩個才能完成一筆轉帳。實際上，用户也可以設置成 1/3、5/5、6/11 的形式，但是最常見的是 2/3 的組合。

多重簽名託管的工作原理如下：當 Alice 想要發送二十塊給 Bob 購買一個產品時，Alice 首先挑選一個相互信任的仲裁人，這裡稱他為 Martin；然後透過 Alice, Bob, Martin 三方多重簽名來發送二十塊；Bob 看到付款後，確認訂單，郵寄商品；當 Alice 收到商品之後，她可以創建一個二十塊的多重簽名給 Bob，來完成這筆轉帳；然後，Bob 再對其進行簽名，這樣就完成了轉帳。另外，Bob 也可能會選擇不發送產品，在這種情況下，他創建並簽署二十塊的退款交易發送給 Alice，讓 Alice 可以簽名並發布。那麼，如果 Bob 聲稱已經出貨，但是 Alice 拒絕付款呢？ Alice 和 Bob 就會聯繫 Martin，讓他來決定誰對誰錯。Martin 贊成哪一方，他就創建一筆給自己一元和對方十九元的交易，並由對方提供簽名，從而完成轉帳。

這種多重支付的方法需要為一個中介機構支付費用，那麼它和 Paypal 相比好在哪裡？首先，它是自願的。在某些情況下，當用户從一個有信譽的大公司購買東西或者匯款給一個受信任的帳户時，是不需要中介機構的，只需 A 轉帳給 B 就好了。其次，該系統是可以調整的。有時候，某些轉帳的仲裁人需要非常專業的知識才能夠勝任。比如，用户購買虛擬商品的時候，最好選擇虛擬商品平台上的專業仲裁人，而在其他的時候，用户可以選擇一個一般的仲裁人就夠了，因為專業仲裁人的收費比較高。市場上會產生一些專門的仲裁公司。透過多重簽名技術，用户可以為每單交易輕鬆地選擇不同的仲裁人，也可以不需要仲裁人，這時就不用手續費了。

9 合併挖礦

比特幣工作量證明機制是指在礦工挖礦時，給區塊補增一個隨機數，並做隨機雜湊演算，使得給定區塊的雜湊值開頭含有一定數量的 0，下面舉一個簡單的例子。

對短語「message」(不含引號)進行 SHA-256 雜湊演算法加密會得到:

ab530a13e45914982b79f9b7e3fba994cfd1f3fb22f71cea1afbf02b460c6d1d

現在開始加入數據,直到得到一個以 0 開頭的雜湊值:

1message
daad0bc80059253928621a10365de153e335a18f03b9dc7e7e25897fb79 1f023
2message
6532f42bd1d6ccd00f47c133c3ca1a0fc852598e67c62eb31adab8ceb3a aa680
...
51message
0985e57510d017b177867168642543ab4f143333ad63782680e812251ab 3141e

經五十一次運算後得到第一個有效的雜湊。只要「51message」一發送,接收器可以迅速透過雜湊演算來驗證它是否符合要求。被添加的那部分數據(本例中的 51)被稱作隨機數(Nonce),關鍵在於該隨機數可以是任何資訊。

假設用户在同時挖 A 幣與 B 幣,現在用户有部分區塊數據來自 A 幣,部分區塊數據來自 B 幣,而且一個母隨機數不斷改變,直到用户找到一個區塊。一旦用户找到一個塊,它就是一個對 A 幣、B 幣兩者同時有效的區塊鏈(假設兩者的挖礦難度相等)。例如:

同時雜湊以下數據:[A 幣區塊數據 |B 幣區塊數據 | 公隨機數]

當一個塊被發現:

對 A 幣廣播區塊 >> [A 幣區塊數據]+ 隨機數＝B 幣區塊數據 +[母隨機數]

對 B 幣廣播區塊 >> [B 幣區塊數據]+ 隨機數＝A 幣區塊數據 +[母隨機數]

只要用户願意,就可以製造任意多的鏈。Slush 礦池二〇一一年就已經合併挖比特幣與域名幣(Name Coin)了。

合併挖礦的好處有:(1)同時為兩個區塊鏈貢獻雜湊運算力,有助於提高兩個區塊鏈的安全性;(2)挖礦的回報更高,在消耗相同電力的情況下,同時獲得兩種貨幣。如果用户不喜歡域名幣，可以把它賣掉或換成比特幣。

10 彩色幣

透過仔細追蹤一些特定比特幣的來龍去脈，可以將它們與其他的比特幣區分開來，這些特定的比特幣就叫做彩色幣[19]（Colored Bitcoins）。彩色幣具有一些特殊的屬性，比如支持代理或聚集點，從而具有與比特幣面值無關的價值。彩色幣可以用作替代貨幣、商品證書、智慧財產以及其他金融工具，如股票和債券等。

比特幣的 P2P 支付結算系統已經安全建立，可以實現可靠的、近乎於免費的轉帳，比特幣網路（協議）本身是安全、穩定的，但比特幣生態的服務提供商，比如匯率市場卻被駭客多次攻擊，這損害了比特幣的聲譽和交易價值。有沒有一種辦法可以利用比特幣安全可靠的自身協議，來創建分散式的匯兌交易呢?

BitcoinX 就是這樣一個基於比特幣的開放的標準協議，就像 HTTP 和 Bit Torrent 協議一樣，該協議用來規範互聯網的價值交易。基於 BitcoinX 協議，用户不但可以在分散式、安全的雲端平台上持有比特幣，還可以持有黃金、歐元、美元或各種證券資產。這意味著人們可以使用金融工具進行自由交易，比如在某個節點 G 持有黃金，在另一個節點 E 持有歐元。用户可以以一種安全、透明、直接的方式相互兌換，而不需要第三方的介入。

BitcoinX 的設計思想是將比特幣網路（技術）與貨幣價值分割開來，並使用比特幣網路技術來明晰交易來路以避免重複消費。透過創世轉帳來建立一個新的貨幣（即彩色幣）。創世轉帳是一定量的比特幣轉帳，這些比特幣的金額將用來賦予所有這種新貨幣以價值。這一定數量的比特幣發送到的那個地址就是新貨幣的起源地址，它將控制新貨幣的初始分配。

彩色幣客户端就是透過一種特殊的方法來運算資金平衡的輕量級客户

端。首先，所有轉帳的最後一個地址都是客户端地址，透過抓取區塊鏈，可查看這些轉帳是否是來自創世轉帳。如果是，就將交易金額乘以初始分割率（假設 0.00001BTC ＝ 1 彩幣），得到用户餘額。彩色幣客户端是分散式的，圍繞特定的創世轉帳創建一個社區，就創造了一個獨立的與比特幣網路無關的「彩色幣」生態，這個小的經濟生態的波動建立在對比特幣基礎設施的利用上。

由於彩色幣也是普通比特幣，故它們也可以使用比特幣網路，從一個地址傳送到另一個地址。因為有辦法識別出彩色幣，所以它們相當於稀有貨幣，因此它們的價值取決於用户對這種稀有貨幣的需求，而與比特幣價值無關。

彩色幣怎樣進行初始分配呢？在貨幣創世時，彩色幣起源地址擁有該幣的總體價值。在分配結束時，所有的貨幣價值將從起源地址轉移到每個客户端。

在實際應用中，彩色幣的擁有者不會知道貨幣總量有多少，此外，擁有者也不必知道想參與他的經濟的有哪些人。在這種情形下，彩色幣擁有者可以建立一個邀請系統，每一個新的客户端都可以邀請其他客户端加入。實現這種技術還有很長的路要走，比如社交網路身份驗證、社交圖譜搜索、擔保系統、簡訊驗證、獨特的 IP 地址、物理識別等，這些方法可最大限度地減少在初次分配中的欺詐。

1.2 區塊鏈

1.2.1 區塊鏈是什麼

區塊鏈是一種去中心化的、不可篡改的、可信的分散式帳本，它提供了一套安全、穩定、透明、可審計且高效的紀錄交易以及數據資訊交互的方式，其特點如下（參見圖 1-12）：

（1）高度安全，不可篡改的分散式帳本。

（2）存在於互聯網，向所有用户公開。

（3）幫助人與人、物與物之間實現點對點的交易和互換。

（4）無須第三方的介入即可完成價值的交換。

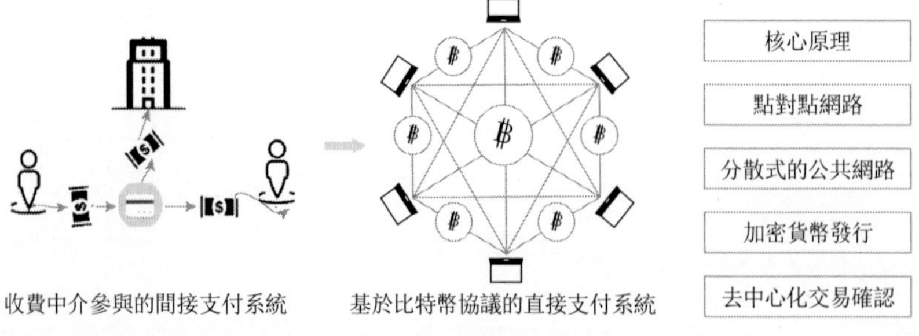

圖1-12　區塊鏈的特點

區塊鏈可以儲存資料，也可以運行應用程式。目前區塊鏈技術主要應用在存在性證明、智慧合約、物聯網、身份驗證、預測市場、資產交易、文件儲存等領域，如圖 1-13 所示。隨著區塊鏈技術的快速演變，新的技術在不斷結合，從而創造出更有效的應用解決方案。

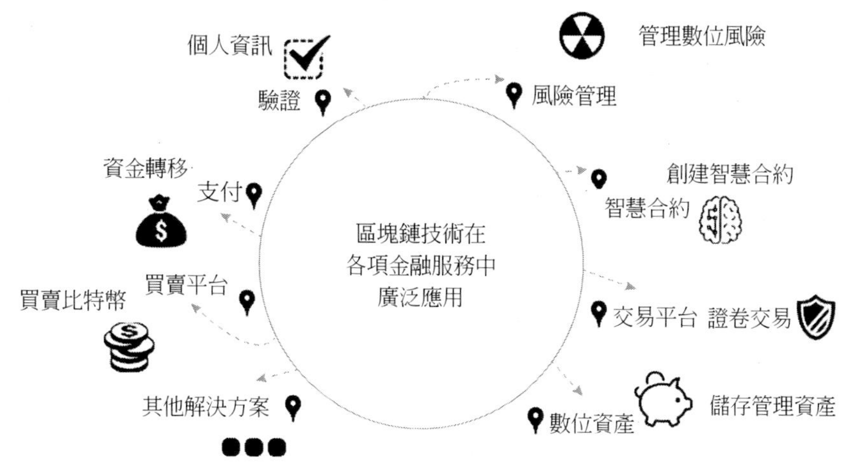

圖1-13　區塊鏈的應用領域

1.2.2　區塊鏈歷史

1　重要里程碑

二〇〇八年，化名為中本聰的人發表了論文〈比特幣：一種點對點的電子現金系統（Bitcoin: A Peer-to-Peer Electronic Cash System）〉，首次提出了區塊鏈的概念。

二〇〇九年，比特幣開始在一個開放的區塊鏈上運行，這是人類歷史上的第一個區塊鏈。比特幣是區塊鏈的首個應用。

二〇一二年，瑞波（Ripple）系統發布，利用數位貨幣和區塊鏈進行跨國轉帳。

二〇一三年九月，美卡幣（MEC）區塊鏈發生斷裂，在數據更新中斷一天後，發布了新版本，重新接回一條區塊鏈，艱難復活。

二〇一四年四月，奧斯汀·希爾（Austin Hill）和亞當·貝克（Adam Back）披露，開始在比特幣區塊鏈的基礎上打造側鏈（Sidechain）；五月，Storj 宣布將採用區塊鏈技術為客户提供去中心化的儲存服務；六月，搜索引擎 DuckDuckGo 存取區塊鏈查詢；八月，Coinbase 收購區塊鏈資訊瀏覽服務商 Blockr.io，區塊鏈 API 服務提供商 Chain 獲九百五十萬美元 A 輪投資；十月，Tilecoin 團隊發布首個集成區塊鏈技術的物聯網實驗設備。

二〇一五年，大量銀行和傳統金融機構開始測試區塊鏈技術，包括在內部系統上使用比特幣區塊鏈系統和瑞波幣系統。

2 發展歷史

Melanie Swan 在其著作《Blueprint for a New Economy》中，將區塊鏈的應用範圍劃分成三個層面，分別稱其為區塊鏈 1.0、2.0 和 3.0。

（1）區塊鏈 1.0：程式化貨幣

區塊鏈技術伴隨比特幣的產生而產生，其最初的應用範圍完全聚集在數位貨幣上。比特幣的出現第一次讓區塊鏈進入了大眾視野，而後產生了萊特幣、以太幣、狗狗幣等「山寨」數位貨幣。程式化貨幣的出現，使得價值在互聯網中直接流通成為可能。區塊鏈構建了一種全新的、去中心化的數位支付系統，隨時隨地進行貨幣交易、毫無障礙的跨國支付以及低成本營運的去中心化體系，都讓這個系統變得魅力無窮。這樣一種新興數位貨幣的出現，強烈地衝擊了傳統金融體系。

（2）區塊鏈 2.0：程式化金融

受到數位貨幣的影響，人們開始將區塊鏈技術的應用範圍擴展到其他金融領域。基於區塊鏈技術程式化的特點，人們嘗試將「智慧合約」的理念加入到區塊鏈中，形成了程式化金融。有了合約系統的支撐，區塊鏈的應用範圍開始從單一的貨幣領域擴大到涉及合約功能的其他金融領域。彩色幣、比特股、以太坊、合約幣等新概念的出現，讓區塊鏈技術得以在包括股票、清算、私募股權等眾多金融領域嶄露頭角。目前，許多金融機構都開始研究區塊鏈技術，並嘗試將其運用於現實，現有的傳統金融體系正在被顛覆。

（3）區塊鏈 3.0：程式化社會

隨著區塊鏈技術的進一步發展，其「去中心化」功能及「資料防偽」功能在其他領域逐步受到重視。人們開始認識到，區塊鏈的應用也許不僅局限在金融領域，還可以擴展到任何有需求的領域中。於是，在金融領域之外，區塊鏈技術又陸續被應用到了公證、仲裁、審計、域名、物流、醫療、郵件、鑑證、投票等其他領域中來，應用範圍擴大到了整個社會。在這一應用階段，人們試圖用區塊鏈顛覆互聯網的最底層協議，並試圖將區塊鏈技術運用到物聯網中，讓整個社會進入智慧互聯網時代，形成一個程式化的社會。

借鑑 Melanie Swan 的思路，區分了區塊鏈 1.0、2.0 和 3.0，但其實這三個層面並非區塊鏈技術發展程度上的變化，而僅僅是應用範圍的逐步擴展。區塊鏈技術本身在所有的應用中均有體現，發揮了各自領域應有的作用。

1.2.3 分叉問題

因為區塊鏈是去中心化的資料結構，所以不同副本之間不能總是保持一致。區塊有可能在不同時間到達不同節點，導致節點有不同的區塊鏈視角。解決的辦法是，每一個節點總是選擇並嘗試延長代表累計了最大工作量證明的區塊鏈，也就是最長的或最大累計難度的鏈。節點透過將記錄在每個區塊中的難度彙總起來，得到建立這個鏈所要付出的工作量證明的總量。只要所有的節點選擇最長累計難度的區塊鏈，整個比特幣網路最終會收斂到一致的狀態。

分叉[20]即在不同區塊鏈間發生的臨時差異。當更多的區塊添加到某個分叉後，這個問題便會迎刃而解。

在接下來的圖例中，讀者可以瞭解到網路中發生分叉的過程。圖例代表簡單的全球比特幣網路，在真實的情況下，比特幣網路的拓撲結構不是基於地理位置組織起來，而是在同一個網路中相互連接的節點。這些節點可能在地理位置上相距遙遠，此處採用基於地理的拓撲是為了能更加簡潔地描述分叉。在真實比特幣網路裡，節點間的距離按「跳」而不是按照真實位置來衡量的。為了便於描述，不同的區塊被標示為不同的線型，傳播這些區塊的節點網路也被不同的線型標示。

在圖 1-14 中，網路有一個統一的區塊鏈視角，以實線區塊為主鏈的「頂點」。當有兩個候選區塊同時想要延長最長區塊鏈時，分叉事件就會發生。正常情況下，分叉發生在兩名礦工在較短的時間內，各自都算得了工作量證明解的時候。兩個礦工在各自的候選區塊一發現解，便立即傳播自己的「獲勝」區塊到網路中：先是傳播給鄰近的節點而後傳播到整個網路。每個收到有效區塊的節點都會將其併入並延長區塊鏈。如果該節點在隨後又收到了另一個候選區塊，而這個區塊又擁有同樣的父區塊，那麼節點就會將這個區塊連接到候選鏈上。其結果是，一些節點收到了一個候選區塊，而另一些節點收到了另一個候選區塊，這時兩個不同版本的區塊鏈就出現了。

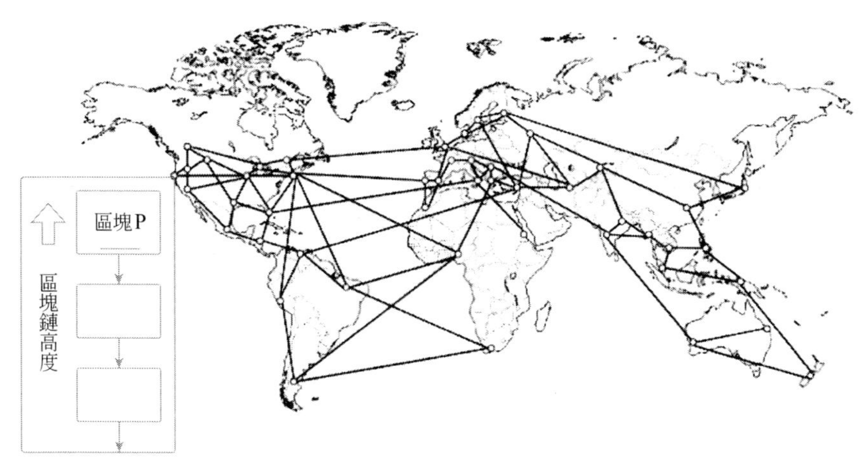

圖1-14　形象化的區塊鏈分叉事件：分叉之前

在圖 1-15 中，可以看到兩個礦工幾乎同時挖到了兩個不同的區塊。這兩個區塊是頂點區塊——實線區塊的子區塊，可以延長這個區塊鏈。為了便於追蹤這個分叉事件，此處設定有一個被標記為虛線的、來自加拿大的區塊，還有一個被標記為點劃線的、來自澳洲的區塊。

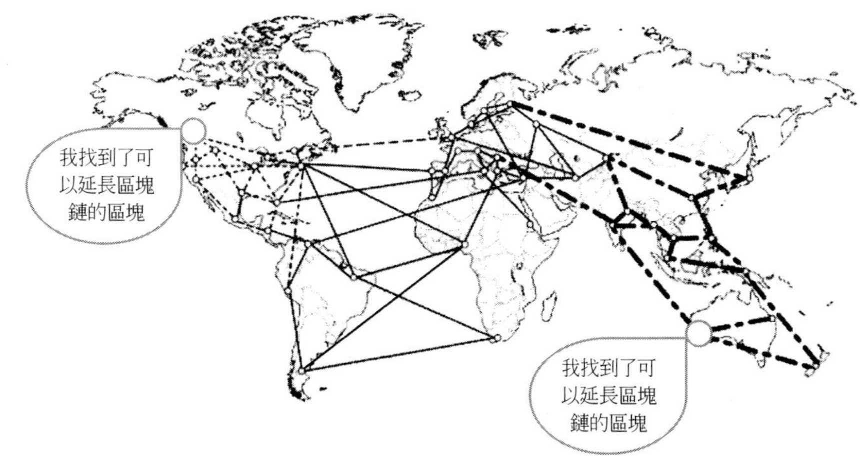

圖1-15　形象化的區塊鏈分叉事件：同時發現兩個區塊

假設有這樣一種情況，一個在加拿大的礦工發現了「虛線」區塊的工作量證明解，在「實線」的父區塊上延長了塊鏈。幾乎同一時刻，一個澳洲的礦工找到了「點劃線」區塊的解，也延長了「實線」區塊。那麼現在就有了兩個區塊：一個是源於加拿大的「虛線」區塊；另一個是源於澳洲的「點劃線」區塊。這兩個區塊都是有效的，均包含有效的工作量證明解並延長同一個父區塊。這兩個區塊可能包含了幾乎相同的交易，只是在交易的排序上有些許不同。

當這兩個區塊傳播時，一些節點首先收到「虛線」區塊，一些節點首先收到「點劃線」區塊。如圖 1-16 所示，比特幣網路上的節點對於區塊鏈的頂點產生了分歧，一派以虛線區塊為頂點，而另一派以點劃線區塊為頂點。

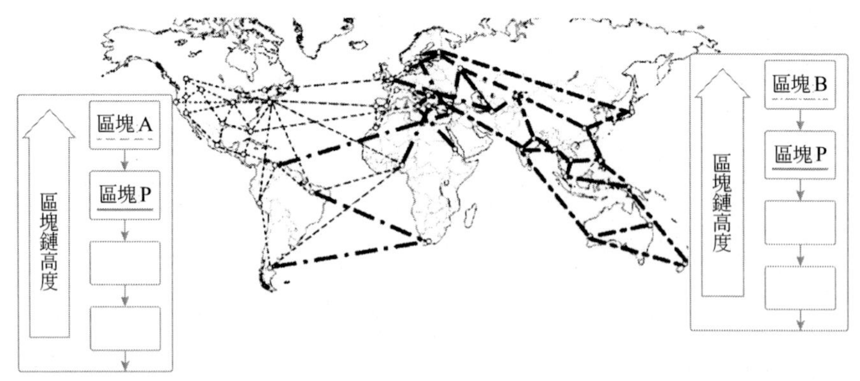

圖1-16　形象化的區塊鏈分叉事件：兩個區塊的傳播將網路分裂

從那時起，比特幣網路中鄰近（網路拓撲上的鄰近，而非地理上的）加拿大的節點會首先收到「虛線」區塊，並建立一個最大累計難度的區塊，「虛線」區塊為這個鏈的最後一個區塊（實線－虛線），同時忽略晚一些到達的「點劃線」區塊。相比之下，離澳洲更近的節點會判定「點劃線」區塊勝出，並以它為最後一個區塊來延長區塊鏈（實線－點劃線），而忽略晚幾秒到達的「虛線」區塊。那些首先收到「虛線」區塊的節點，會即刻以這個區塊為父區塊來產生新的候選區塊，並嘗試尋找這個候選區塊的工作量證明解。同樣地，接受「點劃線」區塊的節點會以這個區塊為鏈的頂點開始生成新塊，並延長這個鏈。

分叉問題幾乎總是在一個區塊內就被解決了。網路中的一部分算力專注於以「虛線」區塊為父區塊，並在其之上建立新的區塊；另一部分則將算力專注於「點劃線」區塊上。即便算力在這兩個陣營中平均分配，也總有一個陣營搶在另一個陣營前發現工作量證明解並將其傳播出去。在這個例子中，假如工作在「點劃線」區塊上的礦工找到了一個「箭頭」區塊，延長了區塊鏈（實線－點劃線－箭頭），他們會立刻傳播這個新區塊，整個網路會都會認為這個區塊是有效的，如圖 1-17 所示。

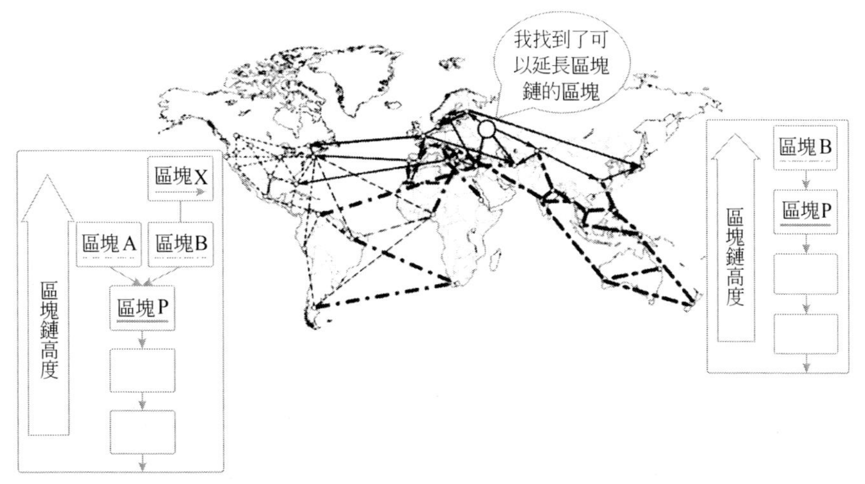

圖1-17　形象化的區塊鏈分叉事件：新區塊延長了分支

所有在上一輪選擇「點劃線」區塊為勝出者的節點會直接將這條鏈延長一個區塊。然而，那些選擇「虛線」區塊為勝出者的節點現在會看到兩個鏈:「實線－點劃線－箭頭」和「實線－虛線」。如圖 1-18 所示，這些節點會根據結果將「實線－點劃線－箭頭」這條鏈設置為主鏈，將「實線－虛線」這條鏈設置為備用鏈。這些節點接納了新的更長的鏈，被迫改變了原有對區塊鏈的觀點，這就叫做鏈的重新共識。因為「虛線」區塊做為父區塊已經不在最長鏈上，導致了他們的候選區塊已經成為「孤塊」，所以現在任何原本想要在「實線－虛線」鏈上延長區塊鏈的礦工都會停下來。全網將「實線－點劃線－箭頭」這條鏈識別為主鏈，「箭頭」區塊為這條鏈的最後一個區塊。全部礦工立刻將他們產生的候選區塊的父區塊切換為「箭頭」區塊，來延長「實線－點劃線－箭頭」這條鏈。

從理論上來說，兩個區塊的分叉是有可能的，這種情況發生在因先前分叉而相互對立起來的礦工，又幾乎同時發現了兩個不同區塊的解。然而，這種情況發生的機率是很低的。單區塊分叉每週都會發生，而雙塊分叉則非常罕見。

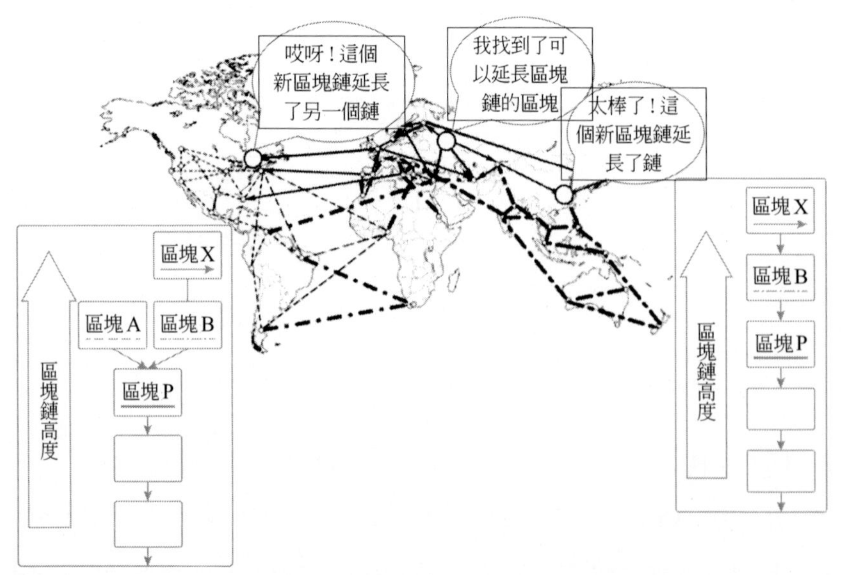

圖1-18　形象化的區塊鏈分叉事件：全網在最長鏈上重新共識

比特幣系統將區塊間隔設計為十分鐘，是在更快速的交易確認和更低的分叉機率間作出的妥協。更短的區塊產生間隔會讓交易清算更快地完成，也會導致更加頻繁的區塊鏈分叉。與之相對地，更長的間隔會減少分叉數量，卻會導致更長的清算時間。

1.2.4 共識攻擊

比特幣系統的共識機制指的是，被礦工（或礦池）試圖使用自己的算力實行欺騙或破壞的難度很大，至少理論上是這樣。就像前面講的，比特幣的共識機制依賴於這樣一個前提：絕大多數的礦工，出於自己利益最大化的考慮，都會透過誠實地挖礦來維持整個比特幣系統。然而，當一個或者一群擁有了整個系統中大量算力的礦工出現之後，他們就可以透過攻擊比特幣的共識機制來達到破壞比特幣網路的安全性和可靠性的目的。

值得注意的是，共識攻擊[20]只能影響整個區塊鏈未來的共識，或者說，最多能影響不久的過去幾個區塊的共識（最多影響過去十個區塊）。而且隨著時間的推移，整個比特幣塊鏈被篡改的可能性越來越低。理論上，一個區塊鏈分叉可以變得很長，但實際上，要想實現一個非常長的區塊鏈分叉需要的算力非常之大，而隨著整個比特幣區塊鏈的逐漸成長，過去的區塊基本可以認為是無法被分叉篡改的。同時，共識攻擊也不會影響用户的私鑰以及加密演算法（ECDSA）。共識攻擊也不能從其他的錢包那裡偷到比特幣、不簽名地支付比特幣、重新分配比特幣、改變過去的交易，或者改變比特幣持有紀錄。共識攻擊能夠造成的唯一影響是影響最近的區塊（最多十個），並且透過拒絕服務來影響未來區塊的生成。

共識攻擊的一個典型場景就是「51% 攻擊」。想像這麼一個場景，一群礦工控制了整個比特幣網路 51% 的算力，他們聯合起來打算攻擊整個比特幣系統。由於這群礦工可以生成絕大多數的塊，因此他們就可以透過故意製造塊鏈分叉來實現「雙重支付」，或者透過拒絕服務的方式來阻止特定的交易，或者攻擊特定的錢包地址。區塊鏈分叉 / 雙重支付攻擊指的是攻擊者透過不承認最近的某個交易，並在這個交易之前重構新的塊，從而生成新的分叉，繼而實現雙重支付。有了充足算力的保證，一個攻擊者可以一次性篡改最近的六個或者更多的區塊，從而使得這些區塊包含的本應無法篡改的交易消失。值得注意的是，雙重支付只能在攻擊者擁有的錢包所發生的交易上進行，因為只有錢包的擁有者才能生成一個合法的簽名用於雙重支付交易。攻擊者只能在自己的交易上進行雙重支付攻擊，但只有當這筆交易對應的是不可逆轉的購買行為時，這種攻擊才是有利可圖的。

下面看一個「51% 攻擊」的實際案例吧。假如 Alice 和 Bob 之間使用比特幣完成了一杯咖啡的交易。咖啡店老闆 Bob 願意在 Alice 給自己的轉帳交易確認數為 0 的時候就向其提供咖啡，這是因為這種小額交易遭遇「51% 攻擊」的風險和顧客購物的即時性（Alice 能立即拿到咖啡）比起來，顯得微不足道。這就和大部分的咖啡店對低於二十五美元的信用卡消費不會費時費力地向顧客索要簽名是一樣的，因為和顧客有可能撤銷這筆信用卡支付的風險比起來，向用户索要信用卡簽名的成本更高。相應的，使用比特幣支付的大額交易被雙重支付的風險就高得多了，因為買家（攻擊者）可以透過在全網廣播一個和真實交易的 UTXO 一樣的偽造交易，以達到取消真實交易的目的。雙重支付可以有兩種方式：要麼發生在交易被確認之前，要麼由攻擊者透過塊鏈分叉來完成。進行 51% 攻擊的人，可以取消在舊分叉上的交易紀錄，然後在新分叉上重新生成一個同樣金額的交易，從而實現雙重支付。

再舉個例子：攻擊者 Mallory 在 Carol 的畫廊買了描繪偉大的中本聰的三聯組畫，Mallory 透過轉帳價值二十五萬美金的比特幣與 Carol 進行交易。在等到一個而不是六個交易確認之後，Carol 放心地將這幅組畫包好，交給了 Mallory。這時，Mallory 的一個同夥，一個擁有大量算力的礦池的人 Paul,

在這筆交易寫進區塊鏈的時候，開始了 51% 攻擊。首先，Paul 利用自己礦池的算力重新運算包含這筆交易的塊，並且在新塊裡將原來的交易替換成了另外一筆交易（比如直接轉給了 Mallory 的另一個錢包而不是 Carol 的），從而實現了「雙重支付」。這筆「雙重支付」交易使用了跟原有交易一致的 UTXO，但收款人被替換成了 Mallory 的錢包地址。然後，Paul 利用礦池在偽造塊的基礎上，又運算出一個更新的塊，這樣，包含這筆「雙重支付」交易的塊鏈比原有的塊鏈高出了一個塊。至此，高度更高的分叉區塊鏈取代了原有的區塊鏈，「雙重支付」交易取代了原來給 Carol 的交易，Carol 既沒有收到價值二十五萬美金的比特幣，原本擁有的三幅價值連城的畫也被 Mallory 白白地拿走了。在整個過程中，Paul 礦池裡的其他礦工可能自始至終都沒有覺察到這筆「雙重支付」交易有什麼異樣，因為挖礦程式都是自動在運行的，並且不會時時監控每一個區塊中的每一筆交易。

為了避免這類攻擊，售賣大宗商品的商家應該在交易得到全網的六個確認之後再交付商品。或者，商家應該使用第三方的多方簽名的帳户進行交易，並且也要等到交易帳户獲得全網多個確認之後再交付商品。一條交易的確認數越多，越難被攻擊者透過 51% 攻擊篡改。對於大宗商品的交易，即使在付款二十四小時之後再出貨，對買賣雙方來說使用比特幣支付也是方便並且有效率的。而 24 小時之後，這筆交易的全網確認數將達到至少一百四十四個（能有效降低被 51% 攻擊的可能性）。

共識攻擊中除了「雙重支付」攻擊，還有一種攻擊場景就是拒絕對某個特定的比特幣地址提供服務。一個擁有了系統中絕大多數算力的攻擊者，可以輕易地忽略某一筆特定的交易。如果這筆交易存在於另一個礦工所產生的區塊中，該攻擊者可以故意分叉，然後重新產生這個區塊，並且把想忽略的交易從這個區塊中移除。這種攻擊造成的結果就是，只要這名攻擊者擁有系統中的絕大多數算力，那麼他就可以持續地干預某一個或某一批特定錢包地址產生的所有交易，從而達到拒絕為這些地址服務的目的。

需要注意的是，51% 攻擊並不是像它的命名裡說的那樣，攻擊者需要至少 51% 的算力才能發起，實際上，即使其擁有不到 51% 的系統算力，依然可以嘗試發起這種攻擊。之所以命名為 51% 攻擊，只是因為在攻擊者的算力達到 51% 這個閾值的時候，其發起的攻擊嘗試幾乎肯定會成功。本質上來看，共識攻擊，就像是系統中所有礦工的算力被分成了兩組，一組為誠實算力，另一組為攻擊者算力，兩組人都在爭先恐後地運算塊鏈上的新塊，只是攻擊者算力算出來的是精心構造的、包含或者剔除了某些交易的塊。因此，攻擊者擁有的算力越少，在這場角逐中獲勝的可能性就越小。從另一個角度講，一個攻擊者擁有的算力越多，其故意創造的分叉塊鏈就可能越長，可能被篡改的最近的塊或者受其控制的未來塊就會越多。一些安全研究組織利用統計模型得出的結論是，算力達到全網的 30% 就足以發動 51% 攻擊了。

全網算力的急劇成長已經使得比特幣系統不再可能被某一個礦工攻擊，因為一個礦工已經不可能占據全網哪怕 1% 的算力。但是中心化控制的礦池則引入了礦池操作者出於利益而施行攻擊的風險。礦池操作者控制了候選塊的生成，同時也控制了那些交易會被放到新生成的塊中。這樣一來，礦池操作者就擁有了剔除特定交易或者雙重支付的權力。如果這種權利被礦池操作者以微妙而有節制的方式濫用的話，那麼礦池操作者就可以在不為人知的情況下發動共識攻擊並且獲利。

但是，並不是所有的攻擊者都是為了利益。一個可能的場景就是，攻擊者僅僅是為了破壞整個比特幣系統而發動攻擊，而不是為了利益。這種意在破壞比特幣系統的攻擊者需要有巨大的投入和精心的計劃，因此可以想像，這種攻擊很有可能來自政府資助的組織。同樣的，這類攻擊者或許也會購買礦機，營運礦池，透過濫用礦池操作者的上述權力來施行拒絕服務等共識攻擊。但是，隨著比特幣網路的算力呈等比級數快速地成長，上述這些理論上可行的攻擊場景，實際操作起來已經越來越困難。近期比特幣系統的一些升級，比如旨在進一步將挖礦控制去中心化的 P2Pool 挖礦協議，也都正在讓這些理論上可行的攻擊變得越來越困難。

毫無疑問，一次嚴重的共識攻擊事件勢必會降低人們對比特幣系統的信心，進而可能導致比特幣價格的跳水。然而，比特幣系統和相關軟體也一直在持續改進，所以比特幣社區也勢必會對任何一次共識攻擊快速做出響應，以使整個比特幣系統比以往更加穩健和可靠。

1.2.5 區塊鏈形態

數位貨幣、虛擬貨幣的圈子裡永遠不乏爭吵。比特幣社區中早已為擴容問題吵得不可開交，將區塊鏈技術從中脫離開來後，關於使用何種類型的區塊鏈，公有鏈和私有鏈孰優孰劣的爭執，一時也甚囂塵上。這裡我們就好好地來場華山論劍，看看到底誰是「鏈中之王」。

本節要對比的區塊鏈形態有三種：公有鏈、聯盟鏈、私有鏈。聯盟鏈介於公有鏈和私有鏈之間，實質上仍屬於私有鏈的範疇，因此公有鏈的支持者對另外兩者持一致的反對態度。在他們眼裡，這就是無須許可 VS 需要許可。

下面先來介紹這三種部署方式不同的區塊鏈。

- 公有鏈：任何人都能讀取區塊鏈資訊，發送交易並能被確認，參與共識過程的區塊鏈，是真正意義上的去中心化分散式區塊鏈，比特幣區塊鏈即是公有鏈最好的代表。
- 聯盟鏈：根據一定特徵所設定的節點能參與、交易，共識過程受預選節點控制的區塊鏈。它被認為是「部分去中心化」或「多中心化」的區塊鏈。R3組成的銀行區塊鏈聯盟要構建的就是典型的聯盟鏈。
- 私有鏈：寫入權限僅在一個組織手裡，讀取權限可能會被限制的區塊鏈。私有鏈沒有去中心化特點，但具有分散式特點。私有鏈對公司政府內部的審計測試以及銀行機構內的交易結算有很大價值。

它們之間的主要差異如表 1-4 所示。

表 1-4　不同區塊鏈的主要差異

	去中心化程度	權限和範圍	經濟獎勵
公有鏈	完全去中心化	全球範圍可以訪問、交易	個人從中可獲得的經濟獎勵與對共識過程做出的貢獻成正比
聯盟鏈	部分去中心化	讀取、交易權限可設定	未知
私有鏈	中心化	寫入權限僅在一個組織手裡，讀取權限可能會被限制	不需要獎勵，可能沒有虛擬貨幣

可以看出，聯盟鏈和私有鏈與公有鏈相比，中心化程度不斷提高，權限越收越緊。和完全開放、無許可必要的比特幣公有鏈不同，聯盟鏈和私有鏈在資訊公開程度和中心控制力度方面有所限制，這些限制可以幫助區塊鏈滿足不同類型的應用需求。

公有鏈和私有鏈在其他方面也有著共同的優點[21]。儘管隨著範圍的縮小，私有鏈的安全性受到懷疑，但兩者基於共識機制來保證的系統安全性仍然十分可信。區塊鏈的不可篡改性和可追溯性特點在公有鏈和私有鏈上都有所體現。

公有鏈具有開放、成功經驗、潛力和烏托邦等優勢。

如互聯網一樣，公有鏈不設讀取和交易權限，面向全球開放。互聯網的成功已經告訴人們，突破性的技術通常都是建立在一個公平競爭的開放協議層中的，任何人都可以對其進行創新。網路的開放性讓一切皆有可能。歷史證明，開放的技術總是能夠戰勝封閉式花園的做法，是共識合併孤島，而非孤島自成大陸。

開放還從另一方面維護了系統的安全性。如此大規模的公有鏈可有效抵禦雙花攻擊。以比特幣為例，在當前情況下，要進行雙花攻擊需花費的資金總額在五十億美金以上，因此，從經濟的角度說，實施任何攻擊的收益都低於這個數額，且攻擊收益隨著比特幣算力的成長而越來越低，攻擊變得沒有任何意義。

以比特幣為例，二〇一八年是比特幣問世的第八年，八年來這場「人類歷史上最大的社會經濟實驗」並沒有崩潰，沒有雙花，沒有當機，沒有一筆交易出錯。這足以證明公共區塊鏈的穩定。在銀行業看來，無間斷運行的特性正是比特幣區塊鏈中最具參考價值的因素之一。有了這些基於比特幣的開發工作，加上比特幣區塊鏈自身也存在後續變革，在吸收新興區塊鏈的優點，同時彌補自己的不足，公共區塊鏈基礎設施將變得更加可靠和可擴展。

在隱私、擴展性和交易速度等方面，公有鏈還有很大潛力可挖。公共區塊鏈的隱私將透過使用「零知識證明」得到進一步提升。零知識證明指的是，證明者能夠在不向驗證者提供任何有用資訊的情況下，使驗證者相信某個論斷是正確的。零知識證明實質上是一種涉及兩方或更多方的協議，即兩方或更多方為完成一項任務所需採取的一系列步驟。證明者向驗證者證明並使其相信自己知道或擁有某一消息，但證明過程不能向驗證者洩漏任何關於被證明消息的資訊。除了聲明的有效性，這個驗證方法並不會透露出其他的資訊。

未來，在公共區塊鏈上構建私有業務也是有可能的，就好像現在能透過網路來構建安全的電子商務交易一樣。隨著未來區塊鏈上智慧合約的發展，區塊鏈的擴展性將會有質的提升，屆時公有鏈將會成為全球範圍內的下一個互聯互通的網路。

公有鏈完全公開、不受控制，並透過加密經濟來保證網路的安全，這是很多追求自由的人心中的烏托邦。有人會嘲笑追求完全去中心化的信徒們，但公有鏈的確給了美夢成真的機會。因此它也會吸引那些不滿足當下監管和中心化的金融市場，或者缺乏相關服務的人群和愛好者。但是也應看到，公有鏈也存在著分化嚴重和匿名帶來的監管以及隱私保護等問題亟待解決。

礦池算力占全網算力比例的不斷上升，使得比特幣的共識機制蒙上了陰影。區塊擴容的方案也幾乎使比特幣社區分裂，這一規則更改的過程也讓許多人明白了：所謂去中心化的比特幣，在重大議題上還是需要顧及核心開發者和算力大的礦池，而這就偏離了去中心化的初衷。

公有鏈在儲存容量和能耗上對各個節點的影響很大。由於區塊鏈需要所有節點備份整個帳本，公有鏈的大範圍此時便成了絆腳石。區塊鏈本身儲存效率偏低且檢索效率不高，全網交易數據的增加以及今後智慧合約的執行，都會增加對節點記憶體和儲存空間的壓力。這會對面向大眾的公有鏈的發展產生影響，當然這也是私有鏈需要解決的問題。確認時間長和能量消耗大是工作量證明（PoW）帶來的兩個問題。尤其是因為對全球網路廣播，公有鏈的交易確認時間一般情況下會比私有網路更長。此外，為了實現共識而產生的大量能耗，也削弱了公有鏈降低成本方面的優勢。上交所專家朱立曾在評價區塊鏈在金融交易層面的前景時說，公有鏈的應用方面，區塊鏈的低吞吐量、高時延問題可能將長期存在，無法支撐大量的證券交易、信用卡轉帳等實際金融業務的規模。

完全匿名會帶來監管的問題，成為滋生犯罪的溫床。因為具有隱蔽性強、不可追蹤的特點，比特幣往往和外匯轉移、恐怖組織融資、逃稅等行為有緊密聯繫。這種聯繫也讓各國監管層對其頗為警惕。例如，匿名性強的比特幣能夠在被稱為「暗網」的網路集市上進行敲詐勒索，購買毒品和僱傭殺手等行為。著名暗網黑市「絲綢之路」上的大多數交易都使用比特幣支付，難以追查，留下了監管黑洞。匿名性也有可能為反洗錢工作帶來更大的挑戰，因為區塊鏈去中心化的性質並不符合傳統的監管模式。公有鏈機制難以成為金融機構的解決方案，原因就是像比特幣區塊鏈這樣的公共區塊鏈，是不可能在發行鏈下的資產方面既具有免審查性又具有法律權威性的。

與匿名問題相對的是隱私問題。儘管每個節點背後的身份是匿名的，但是節點與節點之間的交易是全網公開並向全網廣播的。這就帶來一個問題，當匿名問題被解決後，交易雙方的紀錄就完全暴露在全世界的公網中，這令人很難接受。這也意味著區塊鏈上一個智慧合約中的非參與者可以囤積或者賣掉某一資產，因為他們獲得了智慧合約上公開的資訊。

此外，交易資訊的公開也會影響金融交易，失去了資訊不對稱的優勢將大大削弱金融機構的盈利能力。在華爾街的銀行家眼中，真正「去中心化」的清算模式，將會讓他們失去在「資訊不對稱」情況下所帶來的優勢，也隨之失去「左手倒右手」的賺錢能力。

相比於公有鏈，私有鏈具有前景廣闊、博採眾長、減少威脅、靈活等優勢。

區塊鏈為建立一個成本很低且能夠防止篡改的公共資料庫提供了完美的解決方案。區塊鏈作為金融機構結算、追溯等問題的解決方案，發展前景廣闊，甚至會有顛覆性的影響。基於區塊鏈的支付系統更快、更安全、性價比更高。透過區塊鏈的應用，從技術上講同樣可以加強監督，提高透明度，而在金融機構等需要權限設置的場合，私有鏈能更好地契合金融界人士的痛點。在公證、審計、物聯網甚至投票等方面，私有鏈都可以給出解決方案。

私有鏈仍保留著區塊鏈真實性和部分去中心化的特性，並且在此基礎上可以創造出訪問權限控制更為嚴格，修改甚至是讀取權限僅限於少數用户的系統，兼有去中心化和中心化的特點。由於存在權限設定和準入機制，區塊鏈的節點基本可以確保無害，相對透明的熟人圈減少了作假和攻擊區塊鏈的可能性，權限控制也能減少風險。

不同於公有鏈的全網公開，私有鏈參與者即便擁有整套加密帳本，透過加密私鑰也只能瀏覽與其相關的交易並確保安全——所有交易會以加密的形式登錄，包括時間、日期、參與者等。交易一旦入帳，不可被刪除、撤銷或修改。

針對不同的應用場景，不同的私有鏈可以靈活調節自身。讀取權限、交易權限和驗證權限可根據需要進行修改，以應對隱私、追溯、管理的問題；各個節點可以自定義，由於存取節點少，可適當加大區塊鏈對節點的負擔，以提高可拓展性和安全性；經濟激勵機制在有些場合可以省略，挖礦機制也可以被其他方法取代以減少能耗，提高效益。

但私有鏈比較封閉，創新能力令人懷疑，存在信任等問題。

歷史選擇了各節點平等的互聯網，因此，從私有鏈不同節點間權限不同這一角度看，很容易招致反感。從私有鏈覆蓋的範圍看，互聯網的規律是共識合併孤島，而不是孤島自成大陸。私有鏈單獨自成體系會引起互聯網的抵制。

壟斷的機構、企業不思進取，疏於改革，轉身緩慢是很多人看衰的地方。除了創新動力不足外，金融界在對自身改革上也有著先天不足，一方面金融監管和銀行間合作困難，另一方面銀行創新速度慢，無法迅速整合資源。

私有鏈的技術障礙，例如隱私問題，只有透過所有參與者的高度協作才能解決。不過，在高度競爭的金融市場，要實現這一點並不容易。

儘管銀行可能會盡量朝著區塊鏈技術方向發展，但是他們會發現，傳統的資訊傳遞系統對結算策略執行所需的資訊保密性、高吞吐量和可靠傳輸的要求還是可以滿足的，這時他們就可能缺乏了運用區塊鏈創新的動力。考慮到不斷拖延的時間表以及各種巨大的障礙，可能會存在這樣的風險：銀行會對區塊鏈失去興趣，並決定追求一些沒那麼耀眼的技術，或者繼續故步自封。

當參與區塊鏈的節點數減少，節點身份被預置，節點權限不一，很多人就會擔憂私有鏈的誠實問題。是否會存在聯合起來控制私有鏈，影響區塊鏈的信任程度的可能性？

儘管區塊鏈被視作「信任的機器」，但一旦它的成員中出現一個控制率非常高的團體，或一組串通勾結的團體，區塊鏈就會開始有問題。因此很有可能仍需要引入傳統的信任 / 監管機制，這將會大大削弱區塊鏈的效率。此外，規模較小的私有鏈很難證明沒有「隱藏的可替代區塊鏈」的存在，難以抵禦雙花攻擊。

區塊鏈的核心特性是去中心化、去中介化、無須信任系統、不可篡改性和加密安全性。當參與範圍、權限大小被控制限定，會隨意更改區塊鏈的規則，那麼以上的幾個特性是否依舊存在就要打上一個問號了。學界甚至有專家將私有鏈看作是「共享式資料庫一個令人困惑的別名而已」。

1.2.6 共識機制

分散式交易總帳需要在盡可能短的時間內做到安全、明確及不可逆，便於提供一個最堅實且去中心化的系統。在實踐中，該流程分為兩個方面：一是選擇一個獨特的節點來產生一個區塊，二是使交易總帳不可逆。目前主流的共識機制有工作量證明（POW）、股權證明（POS）、授權股權證明（DPOS），還有瑞波和恆星的共識協議，以及以太坊的共識協議等。

1 工作量證明機制

比特幣系統使用工作量證明機制，即所謂的挖礦，使更長總帳的產生具有運算性難度。該機制透過與或運算，尋找一個滿足特定規則的隨機數，即可獲得本次記帳權，發出本輪需要記錄的數據，在全網其他節點驗證後一起儲存。

工作量證明機制就像樂透遊戲，平均每十分鐘有一個節點找到一個區塊。如果兩個節點在同一時間找到區塊，那麼網路將根據後續節點的決定來確定以哪個區塊構建總帳。從統計學角度講，一筆交易在六個區塊（約一小時）後被認為是明確確認且不可逆的。然而，核心開發者認為，需要一百二十個區塊（約一天）才能充分保護網路不受來自潛在的更長的已將新產生的幣花掉的攻擊區塊鏈的威脅。儘管出現更長的區塊鏈會變得不太可能，但任何擁有巨大經濟資源的人都仍有可能製造一個更長的區塊鏈或者具備足夠的雜湊算力來凍結用户的帳户。

工作量證明機制的優點是，完全去中心化，節點自由進出。其缺點也很明顯，首先，目前比特幣已經吸引了全球大部分的算力，其他再用工作量證明共識機制的區塊鏈應用很難獲得相同的算力來保障自身的安全；其次，挖礦也造成大量的資源浪費；再次，共識達成的週期較長，不適合商業應用。

2 股權證明機制

股權證明機制就是直接證明所有者持有的份額，雖有很多不同的變種，但基本概念都是產生區塊的難度應該與所有者在網路裡所占的股權（所有權占比）成比例。除了混合性的點點幣（PPC）之外，真正的股權證明（POS）幣是沒有挖礦過程的，也就是在創世區塊內就寫明了股權證明，之後的股權證明只能轉讓，不能挖礦。到目前為止，已有兩個系統開始運行，即點點幣（Peercoin）和未來幣（NXT）。點點幣使用一種混合模式，用所有者的股權來調整相應的挖礦難度。未來幣使用一個確定性演算法，以隨機選擇一個股東的方式來產生下一個區塊。未來幣的演算法基於所有者的帳户餘額來調整其被選中的可能性。未來幣和點點幣都分別解決了由誰來生產下一個區塊的問題，但它們沒有找到在適當的時間內使區塊鏈具備不可逆的安全性的方法。根據筆者能找到的資訊，要做到這點，點點幣需要至少六個區塊（約一小時），未來幣需要十個區塊。筆者找不到在十個區塊後未來幣能提供什麼級別的安全性的根據。

基於交易的股權證明機制（Transactions as Proof of Stake，TaPOS）在每筆交易中都包含區塊鏈中前一個區塊的雜湊值。透過該系統，對任何人而言，網路變得越來越安全而不可逆，因為最終每個區塊都透過了股東投票。然而，TaPOS 並沒有定義誰來產生下一個區塊。

在現實世界中，股權證明很普遍，最簡單的就是股票。股票是用來記錄股權的證明，同時代表著投票權和收益權。股票被創造出來以後，除了增發外，不能增加股權數量，要獲得股票只能轉讓。在純 POS 體系中（如未來幣），沒有挖礦過程，初始的股權分配已經固定，之後只是股權在交易者之間流轉，非常類似於現實世界中的股票。股權從創世區塊中流出，被交易者買賣而逐漸分散化。

3 瑞波共識機制

瑞波共識演算法是指，使一組節點能夠基於特殊節點列表達成共識。初始特殊節點列表就像一個俱樂部，要接納一個新成員，必須由 51% 的該俱樂部會員投票透過。共識遵循這核心成員的 51% 權力，外部人員沒有影響力。由於俱樂部由「中心化」開始，因此它將一直是「中心化」的。與比特幣及點點幣一樣，瑞波系統將股東們與其投票權隔開，並因此比其他系統更中心化。

4 授權股權證明機制

當使用分布式自治組織（Decentralized Autonomous Company，DAC）這一說法時，去中心化表示每個股東按其持股比例擁有影響力，51% 股東投票

的結果將是不可逆且有約束力的，其挑戰是透過及時而高效的方法達到 51% 批準。為達到這個目標，每個股東可以將其投票權授予一名代表，獲票數最多的前一百位代表按既定時間表輪流產生區塊。每名代表分配到一個時間段來生產區塊。所有的代表將收到等同於一個平均水平的區塊所含交易費的 10% 作為報酬。如果一個平均水平的區塊含有一百股作為交易費，一名代表將獲得十股作為報酬。網路延遲有可能使某些代表沒能及時廣播他們的區塊，而這將導致區塊鏈分叉。然而，這不太可能發生，因為製造區塊的代表可以與製造前後區塊的代表建立直接連接。這種建立與你之後的代表（也許也包括其後的那名代表）的直接連接是為了確保你能得到報酬。該模式可以每三十秒產生一個新區塊，並且在正常的網路條件下區塊鏈分叉的可能性極其小，即使發生也可以在幾分鐘內得到解決。

股份授權證明機制 DPOS（Delegate Proof of Stake）是一種新的保障加密貨幣網路安全的演算法。它在嘗試解決比特幣採用的傳統工作量證明機制以及點點幣和未來幣所採用的股份證明機制的問題的同時，還能透過實施科技式的民主以抵消中心化所帶來的負面效應。

透過引入「受託人」這個角色，DPOS 可以降低中心化所帶來的負面影響。一共有一百零一位受託人透過網路上的每個人經由每次交易投票產生，他們的工作是簽署（生產）區塊。透過去中心化的投票過程，DPOS 能讓網路比別的系統更加民主。與其要讓我們完成在網路上信任所有人這個不可能完成的任務，不如讓 DPOS 透過技術保護措施來確保那些代表網路來簽署區塊的人們（受託人）能夠正確地工作。除此之外，在每個區塊被簽署之前，必須先驗證前一個區塊已經被受信任節點所簽署。像 DPOS 這樣的設計，實際上縮減了必須要等待相當數量的未授信節點進行驗證後才能夠確認交易的時間成本。

第二章
通往區塊鏈之路

2.1 區塊鏈與行業應用
2.2 區塊鏈與人工智慧
2.3 區塊鏈與未來金融
2.4 區塊鏈與大數據

2.1

區塊鏈與行業應用

區塊鏈是一種技術，一種底層協議，但是它代表著一種去中心化的思想。凱文·凱利在《必然》中提到：「現在，我們正處在長達一百年的偉大的去中心化進程的中點。」去中心化的思想，不論在企業管理還是政府管理，都有廣泛的實踐。區塊鏈作為一種思想，在沒有「區塊鏈」的時候就已經存在了，而區塊鏈技術本身則是透過一種可行的技術手段來踐行去中心化的思想。

從 PC 時代到互聯網時代，企業從金字塔的組織結構過渡到扁平化的組織結構，這點在互聯網企業裡尤為明顯。扁平化不是形式的調整，而是企業的質變，隨著扁平化的調整，企業相應的戰略、市場、管理、文化和制度都隨著改變，把權力從過去的老闆手中下放到各個自我組織的部門的負責人手中，開始權力去中心化，給更多的人賦權。這種改變也是一種區塊鏈思想。對於政府管理領域，由過去政府主導資源配置的計劃經濟調整到市場資源配置為主導的市場經濟，也是一種資源配置的去中心化。去中心化，能夠形成一種相對穩定的耗散結構，這是必然的趨勢。

去中心化的趨勢，會帶來包括知識、軟體、服務等各類資源的共享。人成為整體的一部分，而人的各種欲求驅動著各種所需，所有的需求都可以透過雲端去獲得，去滿足。區塊鏈的思想能夠幫助去中心化的進展變得更加理性，更加有保障。Uber 是一種去除出租車公司這個中心化組織後的一種共享商業模式，但是 Uber 去除的是全球成千上萬的出租車公司這樣的多中心，形成了相對自我弱化的以自己平台為核心的弱中心，本質上還無法做到完全的去中心。這似乎是一個悖論，就像一個硬幣的正反兩面還是它自身，去中心或者不去中心，都是其自身。這個悖論的根源，或許來源於維持系統穩定需要有一個負熵流 [22]，這個負熵流無法從外部引入，只能以 Uber 公司本身來維持，而平台的一部分開放性是形成耗散結構的必要條件之一，這正是 Uber 存在的合理性之一。

作為區塊鏈思想的踐行者，無論是政府部門還是商業公司，無論是營利組織還是非營利組織，無論是個人還是組織，要對區塊鏈技術本身形成先形而上，再形而下的概念。技術本身在當下是已固化的，但對於企業的決策者和企業的業務而言，它又是靈活的，不斷變化的，而且技術的發展方向也需要和企業的業務發展方向相互吻合。雖然不能要求絕對的吻合，但是兩者需要保持良性的互動。因此，從企業業務發展的角度來看，也要求技術在不斷地隨之進化。技術是生態系統的一部分，能夠自我組織、去中心化地跟隨外部環境進化，而企業也是生態系統的一部分，需要隨時透過調整自身，提升自身的競爭力和適應能力以應對外部市場環境的變化。

借用劉慈欣《三體》裡的一句話：「弱小和無知不是生存的障礙，傲慢才是。」站在思考的角度去看，區塊鏈、企業業務本身及兩者的融合才能更好地讓技術成為好的「術」，為企業發展之「道」服務。

利用互聯網和資訊技術改進傳統行業並非很新的概念，事實上，在很多相對開放的行業裡，都有許多成功的實踐案例。而透過區塊鏈技術改進傳統行業，可以進一步提升企業的效率，降低營運成本，使企業的運作更具靈活性，並且能夠快速響應市場需求的變化 [23]。區塊鏈技術的優勢透過和傳統行業的深度結合，可以在傳統行業中找到新的商業模式和就業機會，使傳統行業躍遷到下一個成長範本，成為經濟發展的一大推動力。

「互聯網 +」和「+ 互聯網」現在正在蓬勃發展，而互聯網自誕生的第一天開始，就逐漸改變了人和企業、企業和企業、人和人之間的連接方式，使得經濟和社會層面的總體效率有了很大的提升。市場上有各種介紹互聯網思維框架的書籍。對於企業管理者或決策者，亦或正在互聯網行業創業的企業家而言，真理其實往往都是非常簡單的，或許就是一句話。而思維框架本身並不是思維，以為讀幾本互聯網思維框架的書籍，就能夠藉以放之四海而皆準，這就是教條主義了。事實上，在沒有互聯網的時候就已經有「互聯網思維」了。如果我們不能去理解其實質，那麼就無法針對特定問題做特定的分析和應用。

從區塊鏈的未來發展趨勢來看，會存在兩條路線，一條是傳統行業 + 區塊鏈，另一條是區塊鏈 + 傳統行業。短期內很難看到區塊鏈 + 傳統行業這種情況，並且區塊鏈技術本身還處於早期階段，需要繼續發展，而這種發展會帶來很多變化，並最終在市場上形成幾個區塊鏈巨頭。只有形成區塊鏈平台公司、數據公司後，才有可能衍生出區塊鏈 + 傳統行業。目前，對於傳統行業而言，+ 區塊鏈是更切實際的一條路線。從企業的角度來看，不能為了技術而技術，為了區塊鏈而區塊鏈，企業有其自身的訴求，企業的客户也有自身的訴求。區塊鏈技術是區塊鏈思想踐行者的手段，最終目的是要為企業，亦或客户創造新的價值，這種新價值的創造前提就是要解決企業的痛點。

在運用區塊鏈技術解決企業的「痛點」之前，還存在另外一個「痛點」需要解決，那就是看起來很複雜的區塊鏈技術和傳統行業的業務之間缺乏一座橋梁。作為新興的前沿技術，區塊鏈技術對於傳統企業的決策者和管理者而言，是非常陌生的，而且技術原理也讓他們難以理解，並且同行業中也沒有可參照的成功應用案例，這為傳統行業落實創新技術的應用造成了很大的困局。好的技術如果不能找到好的應用場景，就不會有好的結果。如筆者所知，中國有物流企業對區塊鏈技術感興趣，但是對於怎麼應用，或者為什麼要用區塊鏈技術，非常疑惑。對於很多傳統企業的決策者而言，目前我不用這個區塊鏈技術，同行也沒有在用的，那麼我業務運轉得好好的，為什麼要用這個新技術呢？

傳統行業對原有的業務模式、技術範本通常存在著路徑依賴，這也是新技術在傳統行業內應用困難的原因之一。對於各類區塊鏈技術創業公司而言，即使可以提供免費的開放平台服務，但是從企業角度看，他們需要投入資源去應用，這個過程需要時間、人力成本等，還要擔著失敗的風險。因此，新技術的應用，對於利潤不高的傳統行業而言需要付出不小的代價，其謹慎的風險偏好需要在同行業有成功案例後才有可能改變。

上文提到「區塊鏈技術和傳統行業的業務之間缺乏一座橋梁」，這個「橋梁」必須是既精通企業整體業務，又能夠深刻理解區塊鏈技術的複合型專家。專家們把兩者融會貫通後，站在一定的業務和技術高度才能有應用方案，而這種方案一定要能為企業和客户帶來應用價值，也就是要解決他們的痛點，否則就會成為「為區塊鏈而區塊鏈」的華麗擺設。

從目前區塊鏈技術在市場的普及情況及行業客户和大眾的認知上看，還需要有一段時間的醞釀和普及的過程，這個過程可能相當漫長，但卻是必然的過程。任何新生事物到應用發展，都需要過程，這是一個需要完成新技術和市場結合的過程，需要完成技術本身自我蛻變的過程，需要完成市場認知教育的過程，需要完成技術作為市場和商業世界的有機部分，隨著商業世界這個生態系統一同進化的過程。

2.1.1 傳統行業與區塊鏈

從區塊鏈技術的應用方式看，既可以以破壞性創新的方式去創造新的商業模式，也可以在企業內部可控的範圍內以微創新的方式去應用。從區塊鏈技術的應用市場上看，既可以在成熟的紅海市場裡應用，開闢新的細分領域的藍海市場，也可以直接開闢一片藍海市場。對於紅海還是藍海，都是短暫的，藍海最終也會歸於紅海，紅海裡也可以創造新的藍海。所以從區塊鏈技術的應用上看，不必刻意區分哪種方式好用，技術終究還是要為客户，為人或者為人性服務的。對於成熟企業，可以以微創新的方式去應用，而對於區塊鏈領域的創業企業，可以以創新商業模式的方式切入具體的細分領域，這樣更加理性一些。成熟的市場存在大量的既得利益者和成熟廠商，要切入這個市場，難度和代價都會非常大，初創企業和某些中小企業，很難有這樣的資源切入並在這個市場裡生存下去。

而對於傳統公司＋區塊鏈中的「+」，應該不是簡單的直線鏈條裡加上一個新技術。正如互聯網剛興起的時代，很多企業以為給公司建一個官方網站就算成功轉型為互聯網企業了，這在現在看來對互聯網的理解未免有些簡單化。傳統公司＋區塊鏈中的「+」，不是簡單的物理上的連結，而是區塊鏈思想和企業融合，發生「化學反應」的「化學上」的「+」，是徹底重塑企業的全生命週期的價值鏈，使企業價值鏈上的每個利益相關者的價值實現最大化。

企業的價值鏈包括價值分析、價值設計、價值創造、價值傳遞、價值實現和價值體驗等多個環節。區塊鏈思想的實踐也需要從這幾個環節去重塑企業的價值鏈，以價值創造和增加為目標，以企業大戰略為導向，以顛覆性技術創新為核心，實現企業的各種創新，包括戰略創新、組織創新、市場創新、管理創新、文化創新以及制度創新等。

區塊鏈思想的實踐，在企業內部很可能就是對流程及組織的重構，這樣的重構才能最大化地發揮區塊鏈思想的效用，這樣的過程對於企業的變化和調整是全面的。

首先，區塊鏈思想的實踐，需要組織創新的跟進。應用區塊鏈技術，改變了原有的業務流程，如重覆審計的環節可以取消掉，這就需要重新調整企業的組織架構，讓新的組織架構和崗位職能能夠適應區塊鏈的應用變化，而這種變化的結果，也會帶來人事的調整。這種調整的實踐，往往需要依靠自上而下的方式去推行，推行自然會有阻力，阻力的化解需要一定的技巧，其他配套的變革也要跟進，否則變革會對企業的營運產生負面作用。所以，顛覆性的技術，更適合於重新創造新的商業模式，開闢新的藍海，這樣競爭者少，阻力小；或者在新興企業裡，依靠決策者的變革力量去推進落實。對於區塊鏈領域的企業而言，市場定位非常重要，在很多細分行業裡，要尋找到那些作為先行者的客户，由這樣的客户的成功應用來帶動對新技術持懷疑或者觀望態度的客户加入應用隊伍。

其次，區塊鏈思想的實踐，需要技術創新的跟進。顛覆性技術的實踐，對於企業而言，不管是組織人員自研，或者底層採用第三方平台（比如以太坊），還是和區塊鏈開發公司合作開發，對於技術上的創新都需要與時俱進。區塊鏈技術需要不斷地演變，這個變化需要讓技術和企業的業務相互適應。這個過程不是一朝一夕完成的，技術底層上的創新也好，業務應用的創新也好，都需要不斷地思考和實踐。同時，對於企業的技術團隊而言，這也是一個很大的調整，因為區塊鏈技術相對於目前很多主流的開發群體而言，還是比較陌生的，不管是技術架構，還是上層應用的開發腳本，都需要重新學習。

所以，對於區塊鏈技術的應用，需要企業的技術團隊也進行一個調整，需要他們去擁抱新技術體系的變化。同時，具備業務研發能力後，才能把新的顛覆性技術很好地和企業自身業務相結合，應用才能四處開花。

最後，區塊鏈思想的實踐，需要市場創新的跟進。區塊鏈在企業內部的應用，需要全行銷設計，如果應用無法產生價值，或者產生的價值無法傳遞給企業的最終客户，那麼其應用就難以成功。區塊鏈的應用是廣泛的，例如在禽肉追溯系統裡增加區塊鏈的應用，透過物聯網技術和禽肉追溯系統的結合，可以讓消費者更加放心地購買禽肉，這對於消費者和企業都是雙贏的。但是這裡需要一個認知教育的工作，就是要讓大眾消費者瞭解到區塊鏈在企業禽肉追溯系統裡的價值，這個價值的行銷設計，需要全方位地進行。

2.1.2 + 區塊鏈的應用要點

技術的演進、市場的認知都不是短期內可以完成的，在這個過程中，作為企業也不能錯失實踐顛覆性技術為企業和客户創造價值的大好時機。對於企業而言，有以下幾個方面需要注意。

首先，要找到好的應用場景，這是關鍵。找到好的應用場景，需要企業的決策層、管理層或者核心員工能夠參與到區塊鏈的學習中。如果不能很好地掌握區塊鏈思想，那麼很難找到好的應用場景。

其次，應該意識到，在當前的環境下，應用區塊鏈技術所建立的系統本身，雖然是有公信力的，但是輸入到這個區塊鏈系統的資訊是來自於外部的，不是完全可信的。這一點是當前區塊鏈應用過程中需要特別注意的。目前區塊鏈的應用可以完全實現的是能夠確保記錄的結構化資訊和非結構化資訊是真實的，可以作為後續工作真實可信的憑證，而且幾乎是無法被駭客攻擊或者非法獲取與篡改的。而對於外部資訊需真實可信問題，可以採用中心化方式來解決。因此目前的區塊鏈應用會呈現出區塊鏈的去中心化和中心化相結合的形態，這也就說明了區塊鏈技術應用在目前是有局限性的。

最後，當前區塊鏈背後的匿名性帶來了不可追蹤性，這是由比特幣的內在矛盾導致的。而區塊鏈的應用，需要根據不同行業的自身特點進行自我調整來加以適應，需要重新設計合適的權限規則。目前，私有鏈對於一些企業只是一種選擇。而實踐是檢驗真理的唯一標準，區塊鏈的進化還在進行之中，企業應該著手學習和研究區塊鏈技術。因為在這個多變的時代，競爭者往往不僅來自於同行業的對手，那些全方位的、不斷學習中的企業都將成為明天的強力對手。

2.2

區塊鏈與人工智慧

二〇一六年三月，隨著人機圍棋大戰最終以 Alpha Go 憑藉 4 ： 1 的戰績完勝李世石，Alpha Go 所代表的人工智慧概念開始竄紅。在過去幾年中，由人工智慧技術（AI）掀起的革命充分改變了世界，目前可以肯定的是，人工智慧（AI）技術將被更廣泛地應用。

隨著人工智慧的快速發展，其安全可靠性和用户體驗越來越受到人們的關注，而目前最受關注的技術就是透過區塊鏈來幫助人工智慧實現契約管理，並提升人工智慧的友善性。

區塊鏈是一個去中心化的公共帳本，在其上運行著像比特幣這樣的加密貨幣；區塊鏈也許是下一代的互聯網，是一項資訊技術，是一個無須信任的網路，是一個為機器經濟服務的 M2M/ 物聯網支付系統，它還是一個規模化的共識機制，這是我們一直在等待的一項技術——可以把我們引入到一個友善的機器智慧時代的技術。

相比於其他技術，區塊鏈有以下五點理由能夠實現友善的人工智慧。

1 聲譽

在當前的物理世界和數位貨幣交易中，聲譽被證明是一項可以參與運作的重要機制，在未來社會也有可能繼續存在。人們在意自己的聲譽，會採取措施來加強和保護它。

對於區塊鏈網路的智慧合約來說，聲譽也被當成一種關鍵特性。代理、人類以及其他一切未來可在網路上操作運行的，都會關心他們的聲譽，並採取措施來維護它。

2 資源參數

隨著區塊鏈數位化足跡的延伸，它們的運作將會直接或間接消耗現實世界的資源，比如儲存、CPU/GPU 以及記憶體所需的原材料和能源消耗。這些資源將會以獨立資源的形式或更完整的形式出現，比如即時的分散型虛擬化設備。

區塊鏈人工智慧會面臨與人類資源經濟以及其他需求相競爭的情況，但能透過友善的競爭方式來完成。因為區塊鏈人工智慧必須獲得現實世界的資源才能得以支撐，倘若不友善，所得資源將會受限或價格昂貴，友善型人工智慧由此而生。

3 共識模式

區塊鏈可以被當成一種分散型技術，因為有一個獨立的第三方採礦機制可供檢閱和記錄交易。只有誠意的交易才能被確認和記錄。這意味著，只有友善的人類或人工智慧才能執行交易。

而區塊鏈的共識機制恰巧可以在比特幣的「連接的世界」中，在人類和機器之間的資訊交流方面有效地發揮作用，使得越來越多的自主的機器行為出現，並導致真正的人工智慧，實現技術上的突破（機器智慧代替自然人智慧的時代也將到來）。

例如，可以透過區塊鏈對用户訪問進行分層註冊，讓使用者共同設定設備的狀態，並根據智慧合約做決定，這不僅可以防止設備被濫用，還能防止用户受到傷害，可以更好地實現對設備的共同擁有權和共同使用權。透過引入區塊鏈技術，有助於提升人工智慧的用户體驗及安全可靠性。

4 對資源進行智慧化管理和使用

程式碼的技術規格決定了共識模式、貨幣交易和智慧合約執行中的每一個細節，這將導致區塊鏈設備帶有資源管理和使用的智慧化行為。區塊鏈人工智慧必須使每筆交易都具有成本效益，其中包括人對人交易、人對機器交易、機器設備之間的交易。

5 經濟學理論的支持

當今世界，是把經濟學作為一種基本的組織模式，也可能基於此構建未來的世界。經濟學作為一種模式意味著合理的代理機制會與審批機制相呼應。

由於賽局理論的存在，交易需要友善的人工智慧理念支持。

2.2.1 未來人類社會的發展──區塊鏈

以長遠的角度來展望，未來的社會有可能會發生翻天覆地的變化，其中有些現象會讓現代人感到匪夷所思：增強型人類、人類和機器不同形式的混合體、數位頭腦上傳、不同形式的人工智慧（如模擬大腦），以及先進的機器學習演算法。這些智慧可能不能被孤立地操作，而會被連接到一個可以互相通訊的網路。為了實現他們的目標，數位智慧將要求其在網路上進行某些交易，其中許多任務可以透過區塊鏈和其他的共識機制自動管理。

共識模型的一個真正好處是，他們有可能使友善型的人工智慧得到加強，即有合作精神的、遵從社會道德規範的個體。在去中心化的信任網路裡，代理人的名譽（代理本身仍然是匿名的）可成為其交易是否會被執行的一個重要因素，例如，惡意玩家的交易請求將不能獲得批準執行或在網路上被認可。（惡意玩家偽裝成善意玩家也無妨，因為信譽要求和引出良好行為的網路激勵機制，是由所有玩家一致評價得出的，對惡意和善意的評價標準都是一樣的）

任何數位智慧體可能要執行一些關鍵的網路操作和任務，包括安全訪問、認證和驗證、經濟性交換。如果可以有效運行的話，屆時任何網路交易、任何智慧體想要實現他們的目標，要達成某項操作時，將需要一個多方一致的簽名，這個簽名無法獲得，除非它在網路上擁有良好的（慈善的）聲譽。這也就是為什麼友善的人工智慧體可以在一個以共識模型為基礎的區塊鏈上被執行的原因。

區塊鏈一致推薦的數據是一種高精度的資訊技術。區塊鏈是資訊技術，可以把密集的、自由流動的，由共識衍生的資訊劃分為三個層級。第一級是垃圾資訊，以及未增強的、未調變的數據；第二級是社交推薦數據，由社交網路同行所推薦的豐富的數據元素；第三級是區塊鏈共識推薦的數據，擁有區塊鏈上一致支持的、高精確度和高品質的數據，也是最高推薦水平。這種一致推薦的數據當然是由群體的投票所確認的，數據的品質依靠去中心化的投票系統，由無縫連接的自動執行機制來實現。很有可能，區塊鏈恰恰就是可擴展的資訊認證和驗證機制，筆者認為它就是那個有必要擴大到全球，最終跨越星系的技術。區塊鏈作為一項偉大的資訊技術創新，在有關資訊的品質和真實性上，區塊鏈將為人類提供高精度調變。

2.2.2 區塊鏈在人工智慧領域的應用

IBM 從二〇一六年開始在 GitHub 上，開放了多達四萬四千行的資料塊鏈技術原始碼，而區塊鏈是 IBM 分散式物聯網架構開放平台 Adept 的關鍵技術。包括很多媒體和專家人士在內，越來越多的人相信，透明的、去中心化的資料塊鏈技術將改變普通大眾的生活，並對包括金融、網路安全、音樂、物聯網、物流、賭博等多個產業將產生深遠的影響。來自英國的一份最新論文對塊鏈技術的實質和在社會化金融創新領域的潛力進行了深入論證 [24]，值得有興趣的讀者參考。

源自比特幣金融系統的資料塊鏈技術能夠記錄幾乎所有類型的交易數據，並且這些數據為所有比特幣節點所共享。區塊鏈不需要依賴中央控制系統，它利用先進的加密技術發送經過驗證的數據，來源可信且傳輸中難以被截獲，比傳統的網路金融系統具有更好的可靠性、可用性和安全性。

因為區塊鏈技術具備了諸多優點，所以它不僅改變了網路金融的運作方式，而且還改變著互聯網應用的構建方式 [25]。例如，採用區塊鏈技術的分散式物聯網設備之間不但能夠分享數據，還能分享運算力、頻寬甚至電力，這將是改變世界的物聯網技術革命。

為推動區塊鏈技術的商用，IBM 已經推出了面向開發者的「Blockchain as a Service」服務，透過 IBM 雲端運算平台的 Bluemxi 和 API 基礎架構來支持外部數據的對接 [26～28]。例如，用户可以將物聯網資訊透過沃森人工智慧平台存取區塊鏈系統。IBM 還向開發者開放了用於開發決策支持應用的一致性演算法，對於區塊鏈這樣的對等網路來說，決策支持對應用來說至關重要。例如，在智慧合約這個最高級的塊鏈技術應用中，區塊鏈扮演著第三方擔保方，締約雙方只需配置完履約條件，如東城區是否下雨，就可以在合約執行日期由區塊鏈系統自動讀取來自物聯網的天氣數據以決定資金是否轉帳給事先約定的一方。

事實上在區塊鏈系統中，音樂愛好者可以直接向音樂著作人支付版權費用，而不再需要向蘋果 iTunes 或者谷歌的 Google Play 等第三方平台支付。

對於區塊鏈技術來說，從網路金融向其他行業應用拓展還面臨著諸多問題，傳統行業的系統應用慣性很大，而最大的障礙來自人們對這種完全開放的新技術合法性和安全性的質疑。IBM 開放區塊鏈原始碼最大的意義也許不在於程式碼本身，而是首次有 IBM 這樣級別的 IT 巨頭為區塊鏈技術背書，就像十幾年前 IBM 為 Linux 背書一樣。IBM 還是區塊鏈開放項目——超級帳本（Hyperledger Project）的積極貢獻者[29]。

2.2.3 人工智慧和區塊鏈在互聯網金融中的應用

在金融界，人工智慧和區塊鏈領域的科技創新技術正在逐漸受到青睞。互聯網金融在國外被稱為 Fintech，中文稱之為金融科技。線上獲客、大數據風險控制、理財自動化等各方面都和技術革新息息相關。舉例來說，依託數據和技術，支付寶可以將一筆支付交易的成本做到兩分錢，而傳統銀行一般是兩三角錢；傳統金融機構放貸流程可能要好幾天，但互聯網金融平台則可以做到幾分鐘內完成審批。互聯網金融今天之所以能產生如此大的顛覆性能量，從某種程度上來說，是因為技術的創新。

而人工智慧和區塊鏈則是我們熟知的互聯網金融領域中最具想像空間的技術。區塊鏈是去中心化分散式的集裝系統，具有不可撤銷性的特徵，這會提高交易的精度，也會簡化數據處理的流程，更會降低保持數據原始性和交易可追溯性的成本。此外，區塊鏈還具有數位化的特徵，幾乎所有的文件或資產都能夠以程式碼或分類帳的形式體現，這意味著這些數據都可以被上傳至區塊鏈。人工智慧則很有可能改變現有的金融模式，其和大數據的結合，讓越來越多的人有機會被納入到徵信體系中，也還能根據用户角色更精準地洞察用户需求，最終實現資產的智慧化配置。

一旦人工智慧和區塊鏈技術結合在一起，就可能會產生一種全新的模式，區塊鏈技術能夠實現幾乎無障礙的價值交換，人工智慧則有著高速分析大量數據的能力。

2.2.4 人工智慧和區塊鏈在醫療行業的應用

區塊鏈和醫療體系結合起來並廣泛應用，效果會不錯。從穩健且可操作的醫療紀錄到藥物治療證明，創造新價值到增強醫療體驗，機會無處不在[30、31]。醫學檔案是一個針對醫療體系開發的區塊鏈項目。一方面，作為交流平台，可以由醫生把病人的病症和病歷資料分享到區塊鏈，和其他醫生交流分析治療方案，對於疑難雜症或特殊病情，可以向名醫專家請求分析，實現全球會診功能，造福病人。另一方面，作為健康檔案紀錄，區塊鏈的醫學檔案記錄了病人所有的歷史醫療資訊，可以讓醫生便利地掌握病人的原始病歷，進行更準確的治療。

醫療行業目前遭受大規模的數據品質問題——這些問題可能會來自於醫生或者臨床醫生的錯誤、駭客攻擊，或者相同的電子病歷（EHR）因為同時編輯而未能夠更新。不管怎樣，醫療紀錄遠沒有達到可以被完全信任的地步。區塊鏈技術有助於解決這些問題，因為沒有任何實體將會負責掌管這些數據，但同時各方又都要負責維護數據的安全性和完整性[32]。這種方式為醫療提供了唯一的真實性來源，使系統不再受限於人為錯誤，也不需要人工對帳。由於區塊鏈技術的歷史數據不可篡改，可以記錄任何時刻的醫療健康紀錄，包括各種修改資訊紀錄，同時還具有非常好的加密技術，保障病人的醫療健康資訊，防止被駭客盜取，充分保障病人的隱私。在未來，人們還可以把人工智慧和區塊鏈的醫療健康檔案結合起來，人工智慧將能透過區塊鏈記錄的歷史數據及時進行健康提醒，從而在初始階段根除小病。

2.2.5 Sapience AIFX 與區塊鏈

Sapience AIFX 由人工智慧專家 Joe Mozelesky 發起，他希望透過此項目在世界範圍內建立新秩序。數位貨幣的發展也會對該項目有著巨大的潛在推動作用。

基於目前 Sapience AIFX 的藍圖，它將會對全世界範圍內數位貨幣的用户體驗產生深遠的影響，並且將極大地強化目前數位貨幣領域去中心化的程度；透過將人工智慧技術、區塊鏈以及 P2P 網路相結合，給目前的市場帶來一個全新的革命性顛覆。與此同時，該項目還將對其他技術革命帶來深遠的影響。比如，對基於 P2P 比特幣協議的去中心化的資料庫平台，這也是一個非常大的改良，因為它使得分散式的雜湊算力表（a Distributed Hash Table）以及基於樹的索引（Trie-based Indexing）成為可能。

Sapience AIFX 對於現狀的另一個極大地推動就是第一個實現了錢包內的交互式 Lua 外殼。錢包內的交互式 Lua 外殼可以讓全世界的人都能創建節點，從而增加了區塊鏈的穩定與可靠性。Sapience AIFX 對於多層感知網路以及分散式數據儲存也將帶來深遠的影響。截止目前，這兩個研究方向是較少被涉及的。

另外，透過對區塊鏈的重構以及主節點的修復，用户在 Sapience 引擎的引領下得到的將是不平行的體驗。總之，如果 Sapience AIFX 成功，那麼人們和區塊鏈以及數位貨幣的交互方式將得到改善。透過創建錢包內的節點（與 Counterparty 協議相容）意味著將來的數位貨幣錢包將不再只有一種功能，而會被加入更多的功能，這將是今後數位貨幣持續發展的一個特徵。

2.3

區塊鏈與未來金融

2.3.1 區塊鏈技術已在金融領域逐步興起

一個沒有領導者和控制者的全新組織——The DAO（Distributed Autonomous Organization，分布式自治組織）[33]，沒有傳統的企業組織架構，只透過電腦程式碼創建和自動運行，從四月三十日創建到五月十六日，短短兩週多時間，已經募集了一千零七十萬個單位的以太幣（Ether），大約價值一億一千萬美元（一個單位的以太幣價值約十美元），創造了區塊鏈群眾募資項目的驚人紀錄。儘管就目前而言，The DAO 還是理論上的產品，但其群眾募資項目受到熱捧，表明區塊鏈技術已經在全球越來越多地獲得認可。

二〇一五年九月，由金融科技公司 R3 CEV 領導發起的區塊鏈聯盟宣布成立。該聯盟主要致力於區塊鏈概念驗證的試驗和區塊鏈技術標準的制定，以及探索實踐用例，並建立銀行業的區塊鏈組織。該聯盟成立至今已吸引了包括花旗銀行、瑞士信貸、德意志銀行、富國銀行、匯豐銀行、摩根士丹利、摩根大通、高盛、加拿大皇家銀行、荷蘭 ING 銀行、巴克萊銀行、澳洲國民銀行和法國興業銀行等四十二家巨頭銀行參與，這表明銀行之間對於如何利用區塊鏈於金融層面達成了原則上的共識。

花旗銀行還在內部發行了自己的數位貨幣「花旗幣」；瑞士聯合銀行（UBS）在區塊鏈上試驗了二十多項金融應用，包括金融交易、支付結算和發行智慧債券等。

二〇一五年十二月三十日，納斯達克也完成了基於區塊鏈平台的首個證券交易，對於全球金融市場的去中心化具有里程碑般的意義；澳洲證券交易所也已考慮使用區塊鏈替代原有的清算和結算系統，並計劃在二〇一六年底啟動對清算和結算系統的升級。

國外銀行及金融機構在區塊鏈方面的頻頻舉動也引起了廣泛關注和重視。二〇一五年十月，首屆全球區塊鏈峰會「區塊鏈—新經濟藍圖」在上海舉辦，來自全球約兩百位，包括銀行、支付、證券、大宗商品等金融行業及其他對區塊鏈技術應用前景有興趣的行業專業人士參加。中國國家互聯網資訊辦公室的文件中也再次提到了區塊鏈技術，「雖然有人認為比特幣及其區塊鏈技術還不夠穩定，但也無法忽視其對於支付帶來的革命性變化。究其根源，是互聯網和新技術發展帶來了分散式支付清算機制的拓展，進而可能推動分散式金融交易創新。」。

作為支撐比特幣發展的基礎技術，區塊鏈技術近年來受到互聯網和其他領域專業人士的熱捧，被普遍推崇為下一代全球信用認證和價值互聯網的基礎協議之一。它的出現預示著互聯網的用途可能從傳統資訊傳遞逐步轉變成為價值傳遞，從而對傳統金融行業帶來前所未有的革命和挑戰。前美國財長薩默斯就曾表示，區塊鏈技術「極有可能」永久改變金融市場。高盛此前也曾表示，區塊鏈技術在金融服務、共享經濟、物聯網領域都存在著無限的想像空間。區塊鏈技術能夠大幅提升資本市場和金融機構的效率，甚至可能引發部分市場功能的反中介化。股票、外匯和信貸等的交易結算，可能因為區塊鏈技術的引入而徹底改變。以跨境支付為例，在傳統支付模式下需要兩到三天的處理時間，而區塊鏈採用點對點的支付方式，只需幾秒至幾個小時即

可。西班牙桑坦德銀行發布的研究報告指出，透過減少跨境支付、證券交易及合規中的成本開支，區塊鏈技術每年能為銀行業節省一百五十億到兩百億美元。

2.3.2 區塊鏈契合金融的本質

眾所周知，金融在現代社會及經濟活動中扮演著重要的角色。在融通資金的過程中，引發了資訊傳遞、交流溝通、交易確認、帳户記錄、支付結算、資金轉移等一系列活動。在這系列活動的背後，支撐金融有效運轉的要點是信任關係，然後才是建立在信任基礎上的交易成本降低、交易效率提升、金融風險控制、金融安全防範等問題。當前金融體系仍主要靠強化中心來解決信任問題。為維護信任，在金融業的發展歷程催生了大量的中介機構，包括託管機構、第三方支付平台、公證機構、銀行、政府監管部門等。但中介機構處理資訊仍依賴人工，且交易資訊往往需要經過多道中介的傳遞，因而資訊出錯率高且效率低下。在實踐中，權威機構透過中心化的資料傳輸系統收集各種資訊，並保存在中心伺服器中，然後集中向社會公布。中心化的傳輸模式同樣使得資料傳輸效率低、成本高。區塊鏈基於共識機制建立起來的集體維護的分散式共享資料庫，具有去中心化、去中介化、無須信任系統、不可篡改、加密安全、交易留痕並可追溯、透明性等優點，可以有效繞過諸多中介，降低溝通成本，提高交易效率，快速確立信任關係，或在交互雙方未建立信任關係時即達成交易，進一步靠近了金融的本質屬性和內在要求。同時，在區塊鏈環境下，形成無人干預和管理的自主運行系統，可大大降低現有技術下的系統管理和維護成本，提高了金融業體系的經濟效益。因此，可以明確的是，區塊鏈技術在金融系統的逐步應用過程，是金融反中介、脫介的過程，是金融弱中心化、去中心化的過程，是交互信任方式轉變的過程，是金融淡監管、去監管的過程，從而實現由手動金融向自動金融轉化，由間接金融向直接金融轉化，由封閉金融向開放金融轉化，由歧視金融向平等金融轉化，由監管金融向自治金融轉化，最終實現自金融（即人人金融）和共享金融。

2.3.3 區塊鏈技術在金融領域的應用前景

目前，區塊鏈技術在數位貨幣、信貸融資、支付清算、數位票據、證券交易及登記結算、代理投票、股權群眾募資、跨境交易、保險經紀等方面正從理論探討走向實踐應用。上述領域的共同特點是對信任度要求高且傳統信任度機制成本高。

以比特幣為代表的數位貨幣是區塊鏈技術最為成功的運用。與傳統紙幣相比，發行數位貨幣能有效降低貨幣發行及流通的成本，提升經濟交易活動的便利性和透明度。這種數位貨幣具有超幣種、超國界、超主權、即時結算的特點，一旦在全球範圍實現了區塊鏈信用體系，數位貨幣自然會成為類黃金的全球通用支付信用。基於區塊鏈的數位貨幣在全球範圍內趨於統一規則和結算體制之前，可能在世界各國先出現各自發行的數位貨幣，在本國流通的同時，可透過共享窗口與其他國家的數位貨幣即時通兌。但區塊鏈的技術基礎和金融的本質要求必然會使得數位貨幣規則在全球趨於一致。

與現有的傳統支付體系相比，區塊鏈支付在交易雙方之間直接進行，不涉及中間機構，即使部分網路癱瘓也不會影響整個系統的運行。如果基於區塊鏈技術構建一套通用的分散式金融交易協議，為用户提供跨境、任意幣種即時支付清算服務，則跨境支付將會變得便捷、高效和成本低廉。

在票據市場，基於區塊鏈技術實現的數位票據能夠成為更安全、更智慧、更便捷的票據形態。借助區塊鏈實現的點對點交易能夠打破票據中介的現有功能，實現票據價值傳遞的去中介化；數位票據系統的搭建和數據儲存不需要中心伺服器，省去了中心應用和存取系統的開發成本，降低了傳統模

式下系統的維護和優化成本，減少了系統中心化帶來的風險；基於區塊鏈的資訊不可篡改性，票據一旦完成交易，將不會存在賴帳現象，從而避免「一票多賣」、打款背書不同步等行為，有效防範票據市場風險。

有價證券交易市場也是區塊鏈技術大有作為的領域。目前，傳統的證券交易模式具有交易流程長、交易效率低、綜合成本高的缺點，且存在強勢中介和監管機構，金融消費者的權利往往得不到保障。應用區塊鏈技術，買賣雙方能夠透過智慧合約直接實現配對，交易執行的效率可大幅度提升，並透過分散式的數位化登記系統，自動實現結算和交割。由於輸入區塊的數據不可撤銷且能在短時間內被複製到每個資料塊中，輸入到區塊鏈上的資訊實際上產生了公示的效果，因此交易的發生和所有權的確認不會產生爭議。與以往交易確認需要「T+3」天不同，在區塊鏈上，結算和清算的完成僅以分鐘為單位運算（即在區塊鏈上確認完成一筆交易的時間），且可以節省大額的費用支出。據估算，美國兩大證券交易所每年需清算和結算的費用高達六百五十億元到八百五十億美元，但如果將「T+3」天縮短一天為「T+2」，則每年費用將減少二十七億美元；如果降低為十分鐘，那麼節約的費用以及效率的提升，無疑更為巨大。另外，在證券發行市場，引入基於區塊鏈技術的股票自主發行系統，可推動股票發行註冊制進程，大大提升新制度下的股票發行效率。

在權益證明方面，由於區塊鏈上的每個參與維護的節點都能獲得一份完整的數據紀錄，利用區塊鏈可靠和集體維護的特點，可對權益的所有者確權，尤其是股權證明可獲得長足應用。股權所有者憑藉私人密鑰，可證明擁有該股權的所有權。股權轉讓時透過區塊鏈系統轉移給下家，流程清晰，產權明確，紀錄完整，整個過程無須第三方的參與便可實現。

在代理投票方面，目前廣泛運用的股東代理投票機制程式繁瑣且效果一般。通常資產管理人向代理投票經紀人發出投票指令，指令隨後被傳遞給投票分配者，再由投票分配者將指令傳遞給託管人以及子託管人。託管人請求公證人對投票指令進行公證，然後向登記方申請並完成登記，最後投票資訊彙總到公司祕書處。這個流程複雜且非標準化，投票資訊存在被不適當或不準確傳遞或丟失的風險。此外，由於託管人及子託管人使用不同的傳輸系統和字元辨識系統，導致投票的追溯和確認非常困難。即使時下比較流行的網路投票機制，也是圍繞私密且中心化的系統進行的，儘管已經比較便捷，但是仍然存在投票數據丟失和被篡改的風險，存有被黑箱操作的空間。但利用區塊鏈技術，投票人的任何投票紀錄，一旦寫入到區塊鏈，都將被永久保留且無法篡改，如有必要，事後還可以隨時提取投票數據作為證據，從而確保投票人的權益不受損害或破壞。

在徵信及信貸方面，目前銀行信貸業務的開展，主要還是考慮借款主體自身償債能力等金融信用。各銀行將各借款主體的借還款資訊上傳至央行的徵信中心，需要查詢時，再從央行徵信中心下載參考。這套流程不僅工作量大（包括上傳資訊和下載資訊的工作量），而且還存在資訊不完整、數據不準確、使用效率低、易被惡意篡改等問題。利用區塊鏈技術，依靠程式演算法自動記錄大量資訊，並儲存在區塊鏈網路的每一台電腦上，資訊透明、篡改難度高、使用成本低。各商業銀行以加密的形式儲存並共享客户在本機構的信用狀況，客户申請貸款時不必再到央行申請查詢徵信，即去中心化；貸款機構透過調取區塊鏈的相應資訊數據即可完成全部徵信工作。此外，基於區塊鏈的智慧資產能構建無須信用的借貸關係，在區塊鏈上已註冊的數位資產能透過私人密鑰隨時使用。銀行向借款人借出資金時，可將智慧資產作為抵押，智慧合約的自動執行可鎖定抵押的智慧資產，而貸款還清後可透過合約條件自動解鎖，借貸雙方出現爭議的機率可大幅降低。同理，該項技術也可以直接應用在企業與企業、個人與個人、企業與個人之間的資金拆借，尤其在陌生人之間借貸方面，可突破互信關係難以建立的困境，使得借貸變得更加便利高效，借貸環境更加友善，借貸違約風險更低。另外一個重要應用是基於區塊鏈技術的債券自動發行體系（或稱為「數位企業債券」），由發行人自主在區塊鏈上註冊，如果抵質押或第三方擔保，相關資產或擔保也一併註冊鎖定，債券投資者透過各自端口存取自動發行體系進行認購，發行人還本付息後，可透過合約條件自動解鎖，債權債務關係自動解除。

儘管從目前來看還沒有確立成熟的底層區塊鏈技術平台方案，容量的可擴展性、隱私保護、無法以淨額結算、事後不可追索等技術難題也有待解決，大規模應用區塊鏈技術還要重設 IT 架構和再造業務流程，但這些都只是技術層面的問題。而真正考驗區塊鏈技術在金融領域植根並成長的是監管機構和金融機構本體，區塊鏈內在的「去監管化」和「去中心化」特質會不會使得市場主體沒有動力驅動技術創新。但由於區塊鏈是基於數學演算法的技術，交易各方信任關係的建立完全不需要借助中介機構或權威中心，建立信任關係的成本幾乎為零（在區塊鏈金融基礎設施和附屬基礎設施建立的前提下），且區塊鏈程式碼開放，無地域限制，網路格局分散式互聯，為未來普惠金融和共享金融的建立及發展奠定了技術基礎，為全球金融融合統一創造了物質條件。單就從這一點來看，區塊鏈技術必將在未來金融發展中確立核心地位，並和金融相互依託。

區塊鏈與大數據

2.4.1 區塊鏈與重構大數據

區塊鏈首先是指透過去中心化和去信任的方式集體維護一個可靠資料庫的技術方案，這也註定了大數據和區塊鏈的密切聯繫，甚至可以說，區塊鏈將在未來重構大數據。

在《區塊鏈：新經濟藍圖》[34] 一書中，作者 Melanie Swan 以宏觀的角度檢視互聯網依賴數據發展的階段，將數據發展階段分為三個階段：

- 第一階段，數據是無序的，並沒有經過充分檢驗；
- 第二階段，伴隨著大數據和大規模社交網路的興起，透過大數據的交叉檢驗和推薦，所有的數據將會根據品質進行甄別，這些數據將不再是雜亂無章，而是能夠用一定的人工智慧演算法進行品質排序；
- 第三階段，正是區塊鏈能夠讓數據進入到這一階段，即有些數據將透過採用全球共識的區塊鏈機制獲得基於互聯網全局可信的品質，這幾乎可以說是人類目前獲得的具有最堅固信用基礎的數據，這些數據的精度和品質都獲得了前所未有的提升。

而這三個階段恰好符合了互聯網資料庫發展需要經歷的三個階段，即從關聯式資料庫發展到非關聯式資料庫，再到區塊鏈資料庫，參見圖 2-1。

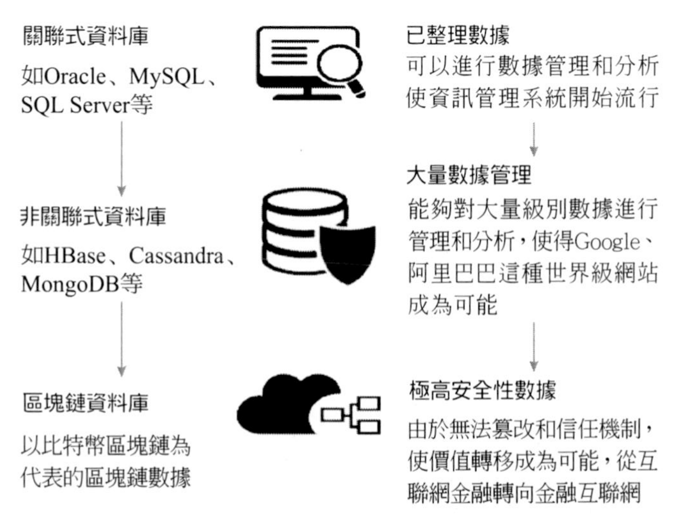

圖2-1　互聯網資料庫發展的三個階段

在互聯網誕生初期，資料庫主要的類型是關聯式資料庫，這是一種採用了關聯模型來組織數據的資料庫。它是在一九七〇年由 IBM 的研究員 E.F.Codd 博士首先提出的，在之後的幾十年中，關聯模型的概念得到了充分的發展，並逐漸成為主流資料庫結構的主流模型。簡單來說，關聯模型指的就是二維表格模型，而一個關聯式資料庫就是由二維表及其之間的聯繫所組成的一個組織。

然而，隨著互聯網大數據時代的興起，傳統的關聯式資料庫在應付 Web2.0 網站，特別是超大規模和高並發的 SNS 類型的 Web2.0 純動態網站已經顯得力不從心，暴露了很多難以克服的問題，而 NoSQL 的資料庫則由於其本身的特點得到了非常迅速的發展。NoSQL，泛指非關聯式的資料庫，具有高並行性和可拓展性，它的產生就是為了解決大規模數據集合、多重數據種類帶來的挑戰，尤其是大數據應用難題。

但是構建在這之上的大數據，最大的問題就是無法解決信任問題。因為互聯網使全球之間的互動越來越緊密，伴隨而來的就是巨大的信任鴻溝。目前現有的主流資料庫技術架構都是私密且中心化的，在這個架構上永遠無法解決價值轉移和互信問題。所以區塊鏈技術將成為下一代資料庫架構。透過去中心化技術，將能夠在大數據的基礎上完成全球互信這個巨大的進步。

區塊鏈技術作為一種特定分散式存取數據的技術，它將透過網路中的多個節點共同參與到數據的運算和紀錄中，並且互相驗證其資訊的有效性。從這一點來看，區塊鏈技術也是一種特定的資料庫技術。這種資料庫將會實現 Melanie Swan 所說的第三種數據類型，即能夠獲得基於全網共識為基礎的數據可信性。雖然互聯網已步入大數據時代，但是從目前來看，我們的大數據還處於非常基礎的階段，當進入到區塊鏈資料庫階段時，互聯網將進入到真正的強信任背書的大數據時代。在區塊鏈資料庫階段，互聯網裡面的所有數據都將變的堅不可摧，任何人都沒有能力也沒有必要去質疑，區塊鏈會成為大數據的安全機制之一。

2.4.2 區塊鏈構建全球信用體系

我們未來的信用資源從何而來？其實中國正在迅速發展的互聯網金融行業已經告訴了我們，信用資源會很大程度上來自於大數據。

大數據金融是互聯網金融的重要發展模式之一，是指集合大量的非結構化數據，透過對其進行即時分析，為互聯網金融機構提供客户全方位的資訊，透過分析和挖掘客户的交易和消費資訊掌握客户的消費習慣，並準確預測客户行為，使金融機構和金融服務平台在行銷和風險控制方面有的放矢。例如螞蟻花唄和京東白條，就是根據消費者的消費紀錄做出信用評估，屬於消費信貸（產品）。它們的出現正是因為互聯網公司透過手中的大數據，把傳統的信用資源成本極大降低，透過大數據很廉價評估了人們的信用。

顯而易見，透過大數據挖掘應該很容易就能建立每個人的信用資源，但現實並沒有如此樂觀。關鍵問題就在於現在的大數據並沒有基於區塊鏈存在，這些大的互聯網公司幾乎都是各自壟斷，形成了各自私密而中心化的記帳中心，導致了數據孤島現象。而且事實上數據所有權也存在錯位，人們的個人資料並沒有被自己控制。例如人們每天使用社交軟體，匯集成了大數據，這將是人們未來重要的信用資源，但人們完全無法控制它。而一旦這些大數據在區塊鏈中登記用來建立信用，恐怕是比房地產證明、銀行財力證明更有價值的信用資源。

在經濟全球化、數據全球化的時代，如果大數據僅僅掌握在互聯網公司的話，全球的市場信用體系建立是並不能去中心化的，因為每個互聯網公司只能自己形成價值轉移閉環。只有當未來大數據在區塊鏈上加密，才能真正成為個人產權清晰的信用資源，這也必將是未來的發展趨勢。區塊鏈技術的發展已經能讓很多資料檔案加密，可以直接在區塊鏈上進行交易，那麼未來人們的交易數據完全可以儲存在區塊鏈上，成為個人的信用。所有的大數據將成為每個人產權清晰的信用資源，這也是未來全球信用體系建構的基礎。

2.4.3 區塊鏈在大數據領域的應用

1 醫療行業的數據變革

目前的醫療行業正遭受著嚴重的數據問題，關鍵在於其傳統的中心化儲存方式。

一方面，大多數醫院的醫療資訊都不公開，這就阻擋了新的醫療資訊在世界各地之間的傳播，同時也限制了各個醫生與同事之間資訊的傳播。在國外，當一個人搬家或者在旅途中生病而不能與他們自己的醫生聯繫的時候，他們的醫療紀錄的調取就會面臨挑戰。

另一方面，每年都會有大量的新的醫療研究出現。現有體系下，每一個醫生或者醫療團隊都會很難跟上最新發布的醫療資訊或者察覺哪些治療已經過時，甚至醫生還很難斷定他們在新醫療文件中讀到的治療是否準確，直到他們自己親自測試這些材料。

同時，醫療資料還存在嚴重的品質和安全問題，這很可能導致誤診，引致駭客攻擊，同時造成電子病歷（EHR）無法正常更新（如果同一份病歷被多人同時編輯就會出錯）。因此，現有的醫療資料是不可靠的。例如，同一個病人有多種不同版本的病歷，裡面的數據大量不吻合，而接手的醫生又恰巧沒有仔細核對，如此一來，病人很可能會被誤診，還有各種隨之而來的心理、生理、經濟損失等問題。

大數據加區塊鏈的解決方案可改善上述情況。當大數據和區塊鏈與醫療行業進行整合，就能夠為醫療行業建立一個可靠的全球資料庫，每一個人都可以信任，每一家公司訪問到的數據都相同，這些數據透過透明的方式被共享，這樣就會生成僅有的一個統一的並且每個人都相信的日誌。而且在區塊鏈技術中，沒有人有權管理全部數據，而同時所有參與者都有責任維護資訊安全，這能大大降低了醫療衛生行業誤診或者惡意修改數據的行為。

與金融行業一樣，醫療行業同樣為區塊鏈提供了最早的以及最具發展前途的應用機會。

2 保險行業的創新

二〇一六年五月份，中國「水滴互助」創業項目宣布獲得五千萬元天使投資，估值近三億元。它被看成是社會保險和商業保險之外的另一種保險方式，其特點是基於場景化的大數據和區塊鏈技術，解決用户在面對重大疾病時的醫療資金問題。目前，重大疾病賠付範圍涵蓋了五十種，全部為癌症。

水滴互助是一個針對重大疾病推出的互助保障平台。用户花九元成為會員，在一百八十天的觀察期之後，就能夠享受相應的賠付權利。當加入平台的用户出現重大疾病時（目前全部針對癌症），最高能獲得水滴互助的三十萬元賠付。而賠付的資金由平台的用户平攤，原則上每次平攤費用不超過三元。這種方式旨在解決當下以癌症為主的大病發生率持續上漲，而普通老百姓沒錢醫治、醫保沒有覆蓋的現實問題。

為了保證參與人的公平性，水滴互助根據不同年齡層次進行群體劃分，包括十八到五十歲的「關心自己抗癌互助計劃」，針對五十一到六十五歲高風險民眾的「孝敬父母抗癌互助計劃」，和針對出生滿三十天到十七歲青少兒的「關愛子女大病互助計劃」。每個層級都根據發病率等因素對賠付金額做了相應的調整，從兩萬元到三十萬元不等。

這樣一種全新的保險模式就是基於大數據和區塊鏈技術進行開發的，大量用户產生的交易和數據透過區塊鏈技術進行儲存，保證了數據的公開、透明性及難以篡改。在可預見的未來，這樣的模式甚至還將應用於公益事業中。

我們必須承認，大數據和區塊鏈的結合是必然的。雖然它發源於互聯網金融行業，但必將引起各行各業的技術變革，相信對很多行業來說都是極具顛覆性的解決方案，讓我們拭目以待。

第三章
區塊鏈應用場景

3.1 存在性證明

存在性證明（Proof of Existence，PoE）是指把將要儲存的文件的 SHA-256 資訊摘要嵌入到區塊鏈來證明其存在性[35]。存在性證明的原理是透過用兩個編碼過且包含雜湊值的特殊地址來創建一個有效的比特幣轉帳，這個雜湊值被切斷成兩個片段，每個片段包含這些地址之一。這些雜湊片段用來替換橢圓曲線數位簽章（比特幣地址生成演算法）公鑰的雜湊值，這就是為什麼這些特殊的轉帳是不能花費的，因為這些地址是由文檔的雜湊片段生成的，而不是由橢圓曲線數位簽章演算法的私鑰生成的。

在地址生成且交易確認後，該文件即被永久認證。只要交易被證實，就意味著該文件存在。如果文件在交易發生時不存在，它不可能在兩個地址中嵌入其 SHA-256 消息摘要，並創建轉帳（雜湊函數的次原像抗性：給定一個輸入輸出對（x，y），即 Hash（x）=y，找到一個輸入 x' 不等於 x 並使得 Hash(x')=y 在運算上是困難的）。試圖透過嵌入雜湊值，以與未來的文件雜湊值相匹配也是不可能的（由於雜湊函數的抗原像運算性），這就是為什麼一旦文檔所產生的轉帳被比特幣區塊確認，該文件的存在性也就被證明了，而不需要一個讓人信任的中央權力機構來確認。

如果有人想在時間戳上手動確認文件的存在，他們應該遵循以下步驟。

01 運算SHA-256資訊摘要。

02 找到比特幣區塊鏈上的轉帳紀錄，給文檔的地址發送比特幣。

03 反編譯Base58編碼的地址。

04 嵌入摘要，替換這兩個地址的公鑰雜湊值，由於摘要共有三十二位元組，而每個地址可容納二十位元組，剩下八位元組需用 填滿。

05 區塊鏈上這兩個地址間的轉帳可證明該文件在那個時間確實存在過。

透過簡單地在區塊鏈上登記和加入時間戳資訊，PoE 能夠讓任何人匿名和安全地存放任何文件的存在性證明 [36]。由於文件本身並沒有存放在中心化的資料庫或者區塊鏈中，因此文件數據是私密的，區塊鏈上存放的僅是文件的密碼學雜湊值，以及該文件的雜湊值提交至區塊鏈中的時間資訊。這樣一來，人們就可以基於公開的區塊鏈，在無須揭露數據內容或所有者身份資訊的情況下，公開證明某個文件或資訊屬於某人。

也可以透過在合約上加時間戳和當事人的數位簽章，來證明這些合約是何時簽署的。可信的時間戳可以用來證明某人在某個時間點持有某個文件、資訊或數據，而且這些資訊無法偽造。例如，開發者可以給開發的軟體版本加上時間戳來證明在某個時間點自己已經開發了某個版本的軟體，而無須依賴任何機構證明。傳統的證明方法是由稱之為 TSA（Time Stamping Authority）的可信賴的第三方簽署可信的時間戳資訊來證明，這種方法容易出現數據腐敗和篡改問題。然而在區塊鏈中，時間戳是安全地存放在全世界的，幾乎不能被篡改。

存在性證明可用於文件版權、專利等。任何人都可以證明某個數據在某個時間點存在過。使用區塊鏈來存放文件證明資訊後，任何人都可以在無須中心機構的情況下驗證該文件的證明資訊，同時有整個區塊鏈網路的算力來保護其數據的安全。

存在性證明的部分用途包括：

（1）無須洩漏真實的數據內容即可證明文件的所有者；

（2）文件時間戳；

（3）證明所有者和轉讓合約；

（4）確認文件的完整性。

如果某人儲存了他的文件證明，之後重新上傳該文件，系統將會識別該文件是否與之前的文件完全一致，哪怕有輕微的變化，區塊鏈都會識別出它與之前文件的不同[37]。這就給用户提供了必要的安全性，即已驗證的文件是不可更改的。

數位合約與數位印章

隨著互聯網技術的發展，越來越多的機構開始大力研究數位合約和數位印章技術，但是這些技術還停留在中心化的數位解決方案層面。許多機構更是出於本集團的利益進行研發，而不顧使用者的利益，並且成本高，方案不夠透明，技術被少數人壟斷和操作，容易舞弊。此外，各個團體、機構之間技術不公開，不透明，通用性不強，造成了公信力的缺失，也制約了這一技術的快速普及與發展。在日常生活中，經常可以看到有些惡意的人故意篡改並違反原來的約定，利用手中的各種關係和方法來謀取私利，當處於弱勢的善良的用户依據當初的約定透過司法途徑維護公正時，發現已經無法施行。這一切均源於普通紙質協議容易丟失，而且存放不透明，容易被人修改。

基於區塊鏈技術構建的數位合約與數位印章解決方案，正是基於這種理念而產生的。在區塊鏈中，每個區塊都有自己唯一的雜湊值，任何人都不能私自修改區塊中的內容，否則將會造成區塊雜湊值的改變，而被整個網路拒絕[38]。正是基於區塊鏈的這種安全特性，使人們在將合約的驗證演算法寫入到區塊鏈後，任何人都不能作弊或是破壞合約的約定內容。人們甚至可以將一些重要事件的環境、人、事等內容也寫入區塊鏈中，進行永久保存。區塊鏈還是開放的技術，與數位貨幣擁有相同的安全屬性。這套解決方案將與合約相關的人、單位以及政府部門高效結合，使其各司職守，實現一種智慧的、免維護的數位合約解決方案架構。可以暢想一下，在未來，任何國與國之間，人與人之間或是單位與單位之間，都可以在這套框架下籤定協約。它將是未來物聯網世界中最強大的公約系統，並作用於人們生活、維護世界秩序的方方面面，讓人類受益。

將一份經過 SHA 校驗後的合約，寫入簽名資訊中，並由簽約雙方發起一筆交易，進而將這些數據寫入區塊鏈。合約本身具有私密性，合約內容不會被寫入區塊（或是僅將加密後的內容寫入區塊）。一份合約制定完成後，會對合約文件進行 SHA-256 加密校驗，防止事後私自修改合約內容，進而將 SHA 值寫入區塊中，以確定合約的唯一性、合法性與公示性。

在將來，用户甚至僅需發送一條簡訊，或是一封郵件，或是在聊天工具上發給對方一串文字，或是掃瞄 QR Code 等，就可以完成合約的簽訂工作。此外，區塊鏈技術還允許兩個互不相識的人進行匿名合約的簽訂，甚至在硬體與人、硬體與硬體之間建立數位合約關係。圖 3-1 為基於區塊鏈的數位印章與數位合約解決方案的示意圖。

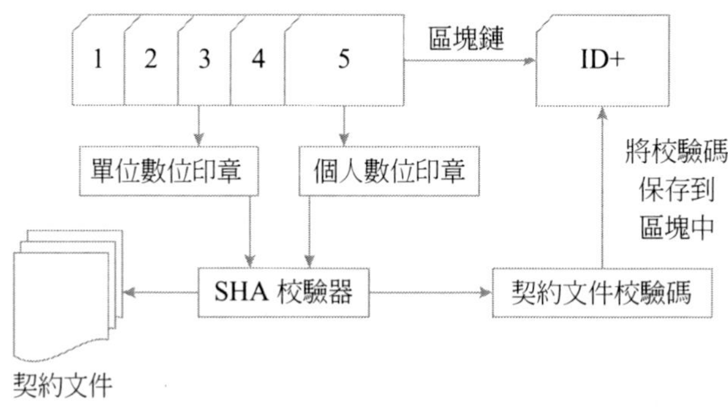

圖3-1　基於區塊鏈的數位印章與數位合約解決方案

無論是單位數位印章還是個人數位印章，均會被寫入區塊中，進行身份的公示，這裡的公示是匿名的，然而卻是可以驗證的。錢包私鑰具有唯一性，透過其加密後的數位印章同樣具有唯一性。

智慧合約

密碼學家尼克·薩博（Nick Szabo）早在一九九四年就提出了智慧合約的理念，在區塊鏈技術出現以前一直不能將該理念應用到現實中，但是比特幣出現以後，智慧合約獲得了重生。智慧合約的理念加上區塊鏈的技術，將會產生出什麼呢？

舉一個典型的、活生生的例子，人們可以認為智慧的原始祖先是不起眼的自動販賣機[39]。由於販賣機鎖箱裡的錢遠遠少於破壞者將要付出的代價，在經過潛在損失有限的評估後，根據顯示的價格收取硬幣，便透過一個簡單的機制形成了最初的電腦設計科學——有限自動、傳遞變化和製造。自動販賣機基於搬運合約運作：任何持有硬幣的人可以與供應商交易。鎖箱和其他安全機制保護儲存的硬幣和貨物不會被破壞，足以允許自動販賣機有利可圖地在各種各樣的區域部署。優越於自動販賣機，智慧合約是透過數字的方法來控制有價值的、所有類型的任何資產。智慧合約涉及一種動態的、經常主動運作的財產，且提供了更好的觀察和核查點，其採取的主動措施必須分毫不差。

另一個例子是為汽車設計出的假想數位保障系統。智慧合約設計策略建議：持續完善抵押品協議，以便把它更充分地嵌入到處理資產的合約條款中。

根據合約條款，這些協議將使加密密鑰完全被具有操作屬性的人控制，使他正當地擁有該財產。在最簡單的實現中，為了防止偷竊，除非被合法的擁有者完成正確的「挑戰－應答」過程，否則車將呈現為不可操作狀態。

如果汽車用於確保還貸，在傳統方式下，實現強安全性時，將產生一個令債權人 / 收款人頭痛的問題——不能查收賴帳的車。為了解決這一問題，可以創建一個智慧扣押權協議：如果物主不交費，智慧合約將調用扣押權協議，並把車鑰匙的控制權交給銀行。這樣一來，利用該協議可能會比僱傭追債人更便宜、更有效。進一步地細化，可創建更多的智慧協議，如生成可證明的扣押權註銷，以及當貸款已還清、處於困境和意外情況下的帳户操作。例如，當車子尚在高速公路上奔馳的時候，撤銷車子所有權的操作將是粗魯的。

持續細化的過程是一個從粗糙的抵押品體系到一個個具體合約的過程：

（1）選擇性地允許業主鎖定和排除第三方；

（2）允許債權人存取的祕密途徑；

（3）只在違約一段時間且沒有付款時祕密途徑才會被打開；

（4）在最後的電子支付完成後永久地關閉祕密途徑。

成熟的抵押品體系將針對不同的合約執行不同的行為。繼續討論前面的例子，如果汽車的合約是一個租賃合約，最終付款後將關閉承租人的訪問權；如果是購買債權的合約，那就關掉債權人的訪問權。透過連續的重新設計來不斷地接近其合約的邏輯，這個合約的邏輯約束著被抵押的財物、資訊或運算的權力和義務。可定性的、不同的合約條款，以及財產在屬性上的技術差異，會引出不同的協議。

智慧合約是由事件驅動的、具有狀態的，運行在一個複製的、分享的帳本之上，且能夠保管帳本中資產的程式[40]。從本質上講，這些自動合約的工作原理類似於其他電腦程式碼中的 if-then 指令。智慧合約只是以這種方式來與真實世界的資產進行交互。當一個預先設定好的條件被觸發時，智慧合約即執行相應的合約條款。

假如你能降低抵押貸款利率，更加容易地更新遺囑，或者確保你的賭友不會賴掉賭資時，那會怎樣？事實上，這些應用和其他更多的應用，正是智慧合約機制許諾的未來。由於密碼學貨幣的出現，智慧合約這一技術正越來越走近現實生活。在未來的某一天，這些程式可能會取代處理某些特定金融交易的律師和銀行[41]。

智慧合約的潛能不只是簡單的轉移資金。一輛汽車或者一所房屋的門鎖，都能夠被連接到物聯網上，以智慧合約來打開。但是與所有的金融前沿技術類似，我們對智慧合約的主要問題是：它怎樣與我們目前的法律系統相協調呢？還有，會有人真正使用智慧合約嗎？

比特幣的出現和廣泛使用正在改變阻礙智慧合約實現的現狀，從而使薩博的理念有了重生的機會。智慧合約技術現在正建立在比特幣和其他虛擬貨幣——有些人將它們稱為「比特幣 2.0」平台之上。因為比特幣實質上就是一個電腦程式，智慧合約能夠與它進行交互，就像它能與其他程式進行交互一樣，於是問題正逐步被解決。現在一個電腦程式已可以觸發支付了。

比特幣保險櫃

比特幣持有人是如何保存比特幣的？當然，比特幣登記在區塊鏈上，但是如何透過保存私鑰以保證資金安全呢？如果你現在還沒有比特幣，該如何保存私鑰（這個小小的文件有著直接的貨幣價值），防止丟失和駭客入侵？保證密鑰的安全是大眾接受密碼貨幣的阻礙前提之一，每一次貨幣的丟失事件都給整個加密貨幣社區帶來不好的名聲。這些問題有各種不同的答案[42]。

如果問任何一個加密貨幣的老手，他都會告訴人們一個事實，那就是必須使用非常成熟的軟體和真正的隨機數來生成私鑰，並且使用多重簽名來拆分私鑰，這樣駭客必須破解不止一個，而是多個機器來獲得你的資金。這種保護是很複雜的。經典的保存私鑰的方法是遵循三十七步操作安全準則，涉及到物理隔離、專用筆記本和斷開網路介面等。但是，難道「互聯網」類的貨幣也需要物理隔離，把專用筆記本藏在使用假墓室的金塔裡？所以，不足為奇的是，普通人常常選擇比較大的交易所來保存他們的貨幣。當然，這只是將安全問題外包給交易所，面臨的仍是完全相同的問題，只不過賭注更高。

在可用性（需要更多的備份）和安全性（更多的備份意味著更大的風險）的權衡中，一般的用户會難以抉擇。極端情況下，要麼將私鑰保存在多個設備上（這樣容易被盜），或者只保存一份編碼私鑰在物理隔離的保險庫中，如果用户需要訪問，就臨時地重新連接網路，並透過一段密碼來還原私鑰。

因此，加密貨幣的歷史裡記載了很多起丟失貨幣的悲劇：要麼是因為用户自己的錯誤丟失了貨幣，要麼是駭客偷走了私鑰而盜走大部分貨幣。這樣的事情也會發生在聰明人身上，比如一個資工系畢業的大學生，是早期的比特幣礦工，丟失了差不多一萬個比特幣。另外一個朋友選擇了一個非常安全的密碼，以至於在幾年後自己也想不起這個密碼，甚至使用催眠和根據他的密碼選擇習慣暴力破解也無濟於事。

總的來講，電腦設施在安全地保存高價值的資產方面還有很長的路要走。比特幣已經普遍地變成一種駭客的「福利」，因為他們可以侵入比特幣所有者的電腦並盜走比特幣所有者的財產。因此，比特幣的所有者需要一種方式來鎖定他們的比特幣，讓駭客和小偷不能為所欲為。

在巴貝多的比特幣工作室裡，Malte MŐser 提出了一個關於比特幣私鑰的解決方案。該方案描述了一種新建保險庫的方式，它是一種特殊的帳户，一旦私鑰落入攻擊者手裡，這些私鑰達成的交易也可以被抵消。保險櫃是比特幣的一種去中心化的方式，讓比特幣所有者可以透過向「銀行」報告丟失

「信用卡」來撤銷攻擊者的交易。這裡有個有趣的地方：如果使用保險櫃，可以從根本上使私鑰盜竊者失去動機。攻擊者如果知道他們不能拿走比特幣的話，就會減少攻擊，對比當前的情況則是，比特幣攻擊者可以保證他們的攻擊行為能夠獲得可觀的回報。在操作上，思路也很簡單。假設比特幣持有者將資金發送到自己創建的保險櫃地址。每一個保險櫃地址有一個開鎖密鑰和恢復密鑰。當你使用開鎖密鑰從保險櫃取用比特幣時，必須等待預先設置的時間（非保險期），這一時間是在創建保險櫃時設定的，比如說二十四小時。一切順利的話，在不保險期過後，你保險櫃裡的資金是未鎖定狀態，此時就可以將它們轉移到其他地址，然後像往常一樣去花費它們。現在，假使一個駭客 Harry 掌握了你的開鎖密鑰，你有二十四小時的時間使用恢復密鑰撤銷 Harry 發起的交易。於是這次偷盜行為從本質上講是失敗的，資金會轉移到真正的所有者那裡。這有點像現代銀行裡的「撤銷」功能，只不過這裡是在比特幣世界實現。

現在，精明的讀者會問，如果 Harry 非常非常聰明，他不僅偷走了開鎖密鑰，還偷走了恢復密鑰，那會怎樣呢？如果是那樣的話，他已經完全攻陷了你，就網路角度而言，他和你已經沒有什麼區別了。即便如此，保險櫃依然可以保護你。恢復密鑰同樣有一個類似的鎖定期，允許你永久性地撤銷 Harry 所有的交易行為。不幸的是，在這種情況下，Harry 也可以做同樣的事，撤銷你做的所有交易。為了避免反覆的僵局，恢復密鑰也可以用來燒掉資金，這樣就沒有人能得到這筆錢。結局是 Harry 從他的偷盜行為中不能得到任何回報。這樣實際上意味著 Harry 事先就沒有把保險櫃列為目標，因為如果他這樣做是不會有任何收入的。

在比特幣世界中實現這樣的保險櫃機制是遙不可及的。一種可行的方案是，為保險櫃設計專門的工具，為保險櫃設置專門的地址，以及更多的操作程式碼。但是我們相信架構的變更，應該是最小的，並且是通用的。因此，

我們提出對比特幣進行一個小的變更，稱之為「比特幣契約」。就像法律契約，比特幣契約會檢查交易花費的條件是否成立。本質上講，契約是未來交易形式的一種約束。因為契約可以遞歸，可以保持自我永存，或者可以在某段時間進行限制，它應當允許一個人實現一系列豐富的語義自定義。

重要的是，保險櫃不會影響比特幣交易的不可逆轉性。保險櫃是個人資金的保護機制：你可以將希望安全保存的資金放到自己創建的保險櫃地址。這樣，你放棄了迅速消費它們的能力以避免被盜。當你想使用這些幣時，須將它們從保險櫃轉移到自己的熱錢包，然後用錢包進行支付。只有自己擁有的錢可以被保存到保險櫃中，而它們也只能轉回到你的所有權下。你不能欺騙某人接受一筆來自保險櫃的交易，然後再將這些比特幣收回。整個保險櫃的設計關係到個人資產的保護，這將影響到人們選擇哪種貨幣來保存個人資產，保證比特幣資產不會讓人產生任何不安。

歸根結底，以上建議是對腳本語言的簡單而強大的擴展，它將開啟更加豐富的想像大門。

保險櫃是契約的第一個用例，它解決了一個自比特幣系統發布以來就一直困擾每一個比特幣用户的問題。保險櫃機制可以使人們安全地保存他們在網路上的資金，遠離被盜，更重要的是它從根本上斬斷了偷竊的想法。

供應鏈

在現代電子商務系統中，消費者只能透過商品的文字或者圖片的描述來瞭解商品，而這些圖片或者文字都是電商平台或者賣家提供的，他們控制了資訊的來源，並且能夠輕而易舉地對商品的資訊進行修改。為達到吸引消費者或者降低生產成本的目的，眾多商家散布各種各樣的虛假資訊來欺騙消費者。假冒偽劣商品、層出不窮的山寨商品遍布互聯網，消費者根本無法鑑別，常常受騙上當。作為消費者，所有資訊的來源都必須依靠電商平台提供的既定資訊，這也是傳統方式無法突破的根本原因。

區塊鏈上的商品溯源

如果將區塊鏈技術應用到商品的供應鏈上，那將會產生什麼樣的神奇效果呢？在商品從原材料到達消費者手中的整個過程中，所有與商品有關的資訊都被記錄在區塊鏈上。因此，在區塊鏈的商品供應鏈上，消費者能夠輕鬆地查詢到商品的原料、加工、包裝、經銷等一系列紀錄。這不但可以確保商品的品質安全，鑑別商品的真假，還能夠幫助消費者更加精細化地選擇自己所需要的商品，也能有效地幫助企業進行經營管理，讓假冒偽劣、跨區竄貨等現象無所遁形。圖 3-2 所示為在區塊鏈上的供應鏈追蹤示意圖。

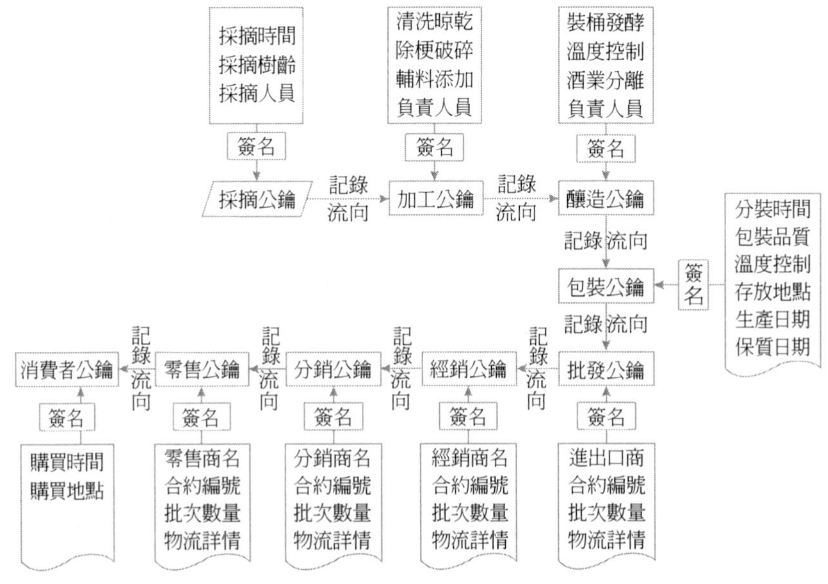

圖3-2　區塊鏈上的供應鏈追蹤

區塊鏈提供了一種透明的供應鏈機制，並為參與者們創造了全新的機遇。作為一種共享的、安全的交易紀錄方式，區塊鏈可以追蹤與產品相關的資訊，將供應鏈數據公之於眾，為每一位參與者揭示產品的出處。

試想一下，人們在網上購買了一瓶紅酒，就可以在區塊鏈上查詢到葡萄樹的品種、採摘時間、釀造流程、包裝時間、檢驗檢疫認證、各級經銷路徑等數據，這種體驗帶來的舒適和信任感是文字與圖片的廣告宣傳遠遠達不到的。

又比如，你漫步在農貿市場的攤位之間，看到了自己最喜歡的魚類供應商 Fork & Fish，他們正在賣黑鰻魚。你還記得第一次在這個攤位上的購物經歷。在一個露天市場購買新鮮的魚，魚販講解這些魚的來歷，你會感到很驚奇麼？從船、儲存、卡車到市場的冷凍庫，Fork & Fish 會用設備追蹤並記錄下相關數據。你和供應商都可以清楚地瞭解這些魚是何時從哪裡捕撈的，又以何種方式運送到了市場。你覺得這些魚蠻新鮮，於是就買了一些為週日的晚宴做準備。使用區塊鏈技術還可以為識別個人商品創建一個正式的註冊表，並在供應鏈中透過不同的點來追蹤物品的所有權，而與互聯網相連接的設備，如漁船、航運卡車以及冷凍庫可以監視這些目標對象，並使用相關的環境條件（如溫度和位置）來標記這些對象，為產品的安全性提供保證 [43]。

3.4 身份驗證

密碼學貨幣在金融領域最有趣的用途，是用於證券交易處理、供應鏈金融和金融衍生品操作。理論上講，這些領域本該可以實現完全的自動化，但實際上，仍然需要大量的人工操作，重做、對帳等，仍然具有複雜性以及無窮無盡的混亂和爭端[44]。

基於區塊鏈的身份驗證可以使用户完全掌控自己的身份資訊，這可以使複雜的上網體驗變成直接、無縫或獨一無二的登錄體驗，免去解鎖個人資訊、獲取網路存取服務和數位資產交易的繁複性[45]。

區塊鏈技術能以無可辯駁和不可變更的方式提供專門的身份驗證，因為區塊鏈的密鑰是唯一的身份資訊。但是，如果由於不同服務要求不同密鑰，登錄時需要多個密鑰，那麼會發生什麼呢?

試想一下，你家的門有五把鎖，當進入自己家時，需要根據入口和日期來選擇特定的鑰匙才能開門。或者，你在全球五個不同的地方擁有五套房子，又該如何保管這麼多的鑰匙呢? 此外，我們都有管理眾多繁瑣網路密碼的經歷，同時還擔心哪天會遭遇駭客攻擊或者完全忘記登錄密碼的情況發生。

而在區塊鏈領域，有很多致力於身份認證和個人資訊安全的方案，包括提供數據和服務入口。因此可以認為，區塊鏈技術支持的身份資訊認證和獲取的解決方案可以改善現狀。

3.4.1 BitNation

如果一場婚姻以區塊鏈為基礎，那麼這場婚姻的有效期僅有四十二個月。許多婚禮選擇在失重狀態、海底或者聖母峰上舉行，這些特技婚禮是一個有趣的悖論。這種婚禮表明要取代社會中最根深蒂固的傳統之一，這不僅是做一些表面上的改變，更是要向世人展示他們的思維是多麼的具有前瞻性。這項挑戰就像是以五步抑揚格的格律，書寫一本革命性的小冊子一樣。但在二〇一五年十二月一日，屬於 Edurne 和 Mayel 的日子裡，這對夫妻使用區塊鏈技術，在沒有牧師或者法官的見證下，舉行了屬於他們兩個人的婚禮[46]。

他們自稱「Glomads」，在不斷地旅行和探索中決定不再支持任何一個國家、任何一項法律。他們自擬了婚姻合約，合約的有效期僅僅只有四十二個月，同時這份合約還保持開放，可以隨時更改。

如此靈活的協議，在傳統的法律框架下是無法完成的，所以他們決定創建一個屬於自己的、符合他們預期的婚姻管轄權。

他們的決定觸動了一直肯定傳統婚禮的人。

此外，據筆者所知，愛沙尼亞透過電子居住身份來擴大服務，在二〇一四年首次給該國的虛擬公民授予了暫居的身份。到目前為止，愛沙尼亞的電子居民可以成立公司並訪問該國的線上銀行系統。從二〇一二年十二月五日開始，電子居住方案提供了國家認可的公證服務，包括結婚許可。為了做到這一點，他們把目光轉向了 BitNation，一個基於比特幣區塊鏈提供創建管理服務工具的組織。

但對於 BitNation 而言，它的目標更加宏偉。該組織由 Susanne Tarkowski

Tempelhof 創立，倡導無邊界化的管理，並建立起自己的虛擬國度。為了合法化這種聲明，它已成功地建立了一套工具以及服務，也許未來的某一天，在地域界定的國家承認以區塊鏈作為政府記錄安全和合法儲存庫的前提下，它可以允許人們用區塊鏈身份來取代國民身份。而 Edurne 和 Mayel 的婚禮，以及愛沙尼亞的參與，可能會是這一偉大壯舉邁出的第一步。

3.4.2 CryptID

CryptID 是一個基於區塊鏈技術的全新的開放身份識別系統 [47]。

目前很多政府部門和大多數大公司都在使用安全公司提供的門禁系統，這些門禁系統都是利用一個中心資料庫來儲存個人資料。這個中心資料庫越大，對安全性的要求也就越高，與之相對應的，其消耗的費用也就越高。同時，這些中心化的資料庫往往會受制於駭客攻擊、故障停機、巨大的能源成本、網路限制、技術支持等一系列因素。

門禁系統是安全部門不可分割的一部分，其重要性不言而喻，幾乎遍及每一所學校、機場、公司辦公室、政府辦公樓，可以說只要有人員移動的地方都會有門禁系統。

對於使用的是基於四十五年前的磁條科技、很容易被暗網上提供付費服務的人偽造的門禁系統時，能夠克服這些缺點的 CryptID 的出現顯得恰到好處。

CryptID 是一個低成本、身份標識發行和驗證極其靈活的程式，可用於組織規模任意、全新的開放身份識別系統。它誕生於 BitGo 贊助的「無國界國際學生駭客馬拉松」競賽，這個競賽的最初標準是創建無須授權、開放和去中心化帳本的應用。裁判包括 Ethereum（以太坊）的創始人 Vitalik Buterin（維塔利. 博特瑞）和 Airbitz 的 Will Pangman（威爾. 彭嘉敏），CryptID 在競賽中獲得了第二名。

根據 CryptID 團隊的敘述，CryptID 的優點如下。

（1）節約成本。身份紀錄包括很小的照片和指紋文件，都不會超過幾百 kB，該輕量級的程式使用 Factom（公證通）來將加密身份所記錄的數據寫入區塊鏈，並在比特幣區塊鏈中進行時間標示，還允許多種用途和設定方法，甚至允許使用身份證。

CryptID 的所有數據都是去中心化儲存的，無須運行本地管理員伺服器即可讓其他人訪問，而且可以從任何地方進行訪問。區塊鏈會儲存所有的資訊，無須資料中心或專用的伺服器，而且可以在互聯網的任何地方對身份進行驗證。

「我們可以將多個入口形成鏈條，每個入口的大小為 10kB，且只花費約 0.005 美元的進入信用。我們使用的指紋模板（國際標準化組織標準），實際上非常小，小於 1kB。我們對圖片進行了裁剪並壓縮，雖然損失了一點圖片品質，但仍然容易識別，大小約為 5~6kB。其他的資訊大約為 600B，這取決於用户的名字長度。所有資訊加起來大約為 8~9kB，用一點點錢就可以將其很容易地儲存在 Factom 上。」這很好地闡述了 CryptID 節約成本的優點。

（2）加強版的安全性。區塊鏈系統採用了比特幣多重簽名地址的優勢，不會有單個參與方持有任何人的身份資訊的情況，這也意味著沒有人能輕易地破壞它。密碼也可以和卡綁定起來，例如令照片和指紋相匹配，這給用户提供了額外的保護。

「數據分布在很多電腦中，可以防止腐敗，而且身份數據幾乎不可能被篡改。傳統的身份識別方法需要依靠中心化的機構，例如州政府，來確認身份，這樣就很容易受到攻擊和篡改。」

「傳統的身份識別方法只需要一個驗證要素——你所持有的身份證。CryptID 要求使用三個要素，包括用户擁有的唯一身份標識、只有自己知道的密碼，以及用户自己的指紋。」

（3）靈活性。由於用户數據並非一定要儲存在一個帶照片身份證中，這些資訊可以存放在能保存幾 kB 資訊或 QR 掃瞄碼的地方，甚至可以將身份證件符號隱藏在珠寶或者手機的 APP 中。

CryptID 卡的正面是 CryptID.xyz 發行的資訊，背面顯示的是指紋和 QR Code，如果要編輯卡片上的資訊，則需要重新製作一張。因此，正確處理舊卡是很重要的。

項目負責人史蒂文·馬斯里（Steven Masley）告訴 Devpost：「因為 CryptID 字串可以保存在儲存能力為 32 ～ 44B 數據的任何地方，這意味著它可以實施到目前的校對系統中，例如磁卡閱讀器或智慧卡閱讀器。」

「此外，可用智慧型手機來轉移光學數據，通常是一個可以透過掃瞄器或攝像頭掃瞄的 QR Code。」

馬斯里和其合夥人達科塔·巴伯（Dakota Baber）創建了用於説明 CryptID 的網頁應用和獨立的 Windows 系統程式，可以在 GitHub 上查看原始碼。目前 CryptID 已經開發完成，只需要一個智慧型手機的 APP 就可以驗證其他人的身份資訊。

CryptID 並非第一個基於區塊鏈的去中心化身份解決方案，二〇一四年十月份發布的世界公民身份證件項目 BitNation 才是第一個獲此殊榮的應用。雖然 BitNation 還沒有開放，但可以免費使用，並將用户的身份資訊永久儲存在區塊鏈上。

CryptID 和 BitNation 之間最主要的區別在於，前者被設計用於管理員發行身份，因此身份擁有一個具體的組織來授權使用它們，而後者的身份系統則可以為用户創建一個全新且沒有從屬關係的身份，可以在不使用任何第三方，甚至不用 BitNation 授權的情況下就能證明使用者的身份。但是，用户獲得 BitNation 訪問時必須要處於線上狀態。現實生活中，使用像門這樣的物件體時似乎不太可能會用到 BitNation，但也不是沒有可能。

馬斯里說:「CryptID 的開放性會使其獲得更廣泛的應用，可以用於安全和獨特的系統中。區塊鏈的不可篡改、抗駭客攻擊、身份儲存都是很新奇的應用，在行業中是空前的。」

BitNation 將來有一天會是國家發行的身份證件的取代方案，而目前 CryptID 已經準備用於企業和大學了，這將會節省很大一筆安全預算開銷。

3.5

預測市場

大量的經濟和學術研究發現，預測市場是世界上最精確的預測工具之一，特別是當用真錢，或者具有足夠的流動性和交易量（這是傳統預測市場的問題所在）進行預測時。

預測市場類似於股票市場，用户可以在預測市場中買賣股票。但是，與股票市場對一個公司的未來價值進行投機不同，預測市場的存在是為了決定未來事件結果的可能性。例如，一個預測市場可能問「川普在二〇一六年能被選為美國總統嗎？」如果「是」的股票價格是 0.43 美元，這可以被理解為川普當選總統的可能性是 43%。[48]

在二〇〇七年，哥倫比亞商學院教授 Michael Mauboussin 讓他的七十三位學生估計瓶子中糖豆的數量，學生所估計的數量在兩百五十到四千一百粒之間，但其實瓶子中有一千一百一十六粒糖豆。學生們的估計值與真實值一千一百一十六之間，平均偏離了七百，也就是 62% 的錯誤率。然而，儘管學生的估計很不準確，但是他們估計的平均值是一千一百五十一，與真實數值一千一百一十六只有 3% 的誤差。這一研究以各種形式被重複過多次，結果都與上面相同。我們正在將這種群體智慧應用到每一個學科中，從政治學到氣候學，並用利益得失來強迫群體說真話。

在一九六八年五月，美國的一艘名為 Scorpion 的潛艇，在大西洋完成執勤任務後返回紐波特紐斯港口的途中突然消失。雖然海軍知道潛艇最後報告的位置，但是不知道 Scorpion 號究竟發生了什麼事情，只知道自最後一次聯繫後，潛艇又前行到哪個大概位置。最後他們將搜索範圍確定在方圓二十英哩，幾千英呎深的水域。這是一個希望渺茫的搜索。人們能夠想到的唯一可行的解決方案就是，召集三四位潛艇和洋流的頂級專家，諮詢他們認為最可能的位置。但是，根據 Sherry Sontag 和 Christopher Drew 在《Blind Mans Bluff》中的紀錄，一位名叫 John Craven 的海軍軍官有一個不同的計劃。

首先，Craven 設想一系列可以解釋 Scorpion 號可能發生的事故情景。然後，他召集了一組具有不同背景的人，包括數學家、潛艇專家和搜尋人員，讓他們猜測哪種情景的可能性最大，而不是讓他們彼此商量得出答案。為了讓猜測更加有趣，Craven 採用了下注的方式，獎品是 Chivas Regal 酒。參與的成員就潛艇為什麼出事故、下沈的速度、傾斜的角度等問題進行了打賭。

沒有一段資訊碎片能夠告訴 Craven 潛艇在哪裡。但是，Craven 相信，如果他將小組成員提出的所有答案匯集在一起，針對潛艇沈沒做一個完整的描述，他就能夠知道潛艇在哪裡，這就是 Craven 所做的事情。他利用了所有的猜測，使用了被稱為貝氏定理（貝氏定理是用來運算事件的新資訊如何改變人們對此事件原有預期的方式）的公式，來判斷潛艇的最後位置。做完這些事後，Craven 獲得了團隊關於潛艇位置的集體估計（Collective Estimate）結果。

Craven 得出的位置並不是團隊任何單個成員所猜測的位置。換句話說，團隊中每個成員的猜測與 Craven 使用匯集起來的所有資訊得出的位置一致。最後的判斷是一個由團隊整體做出的集體判斷，而不是代表團隊中最聰明人的個人判斷，它也是一個絕妙的判斷。

在 Scorpion 號潛艇失蹤五個月以後，一艘海軍軍艦發現了它。潛艇被

發現的位置與 Craven 團隊猜測的位置相差只有兩百二十二碼（註：1 碼等於 0.9144 米）。

這個實例的驚人之處在於，這個團隊所依靠的證據幾乎沒有，有的只是一些數據碎片，沒有人知道潛艇為什麼沉沒，沒人知道潛艇下沈的速度和傾斜角度。雖然團隊中沒人知道這些資訊，但是作為一個整體的團隊卻能總結出這些資訊。

Augur

Augur 是一個基於以太坊區塊鏈技術的去中心化的預測市場平台[48、49]。用户可以用數位貨幣進行預測和下註，依靠群眾的智慧來預判事件的發展結果，可以有效地消除對手方風險和伺服器的中心化風險，同時採用加密貨幣（如比特幣）創建出一個全球性的市場。

利用 Augur，任何人都可以為任何自己感興趣的主題（比如美國大選誰會獲勝）創建一個預測市場，並提供初始流動性，這是一個去中心化的過程。

作為回報，該市場的創建者將從市場中獲得一半的交易費用。普通用户可以根據自己的資訊和判斷在 Augur 上預測、買賣事件的股票，如美國總統大選。當事件發生以後，如果預測正確，持有正確結果的股票，則每股將獲得一美元，從而所得收益是一美元減去當初的買入成本；如果預測錯誤，持有錯誤結果的股票，則不會獲得獎勵，用户虧損的就是當初的買入成本。

許多因素使得 Augur 不同於傳統的預測市場，但是最重要的區別是，Augur 是全球化和去中心化的。世界各地的任何人都可以使用 Augur，這將為 Augur 帶來空前的流動性、交易量和傳統的交易所不曾有過的多種視角和話題。

REP（信譽）是 Augur 系統的代幣。REP 可以被看作一種與個人的公、私地址相關的「積分」，像比特幣一樣可分割和可交易。然而它也只有這點屬性類似於密碼學貨幣。如果說比特幣是模擬黃金，那麼可以說 REP 是模擬信譽。

Augur 的去中心化還體現在對事件結果的報告機制上。在傳統的中心化預測市場，當事件發生以後，由中心化的人或者組織來確定事件結果。與之不同的是，Augur 採用去中心化的事件結果報告機制，並引入 REP 代幣。每當事件發生以後，眾多 REP 持有者對事件結果進行報告。但是，普通用户無須持有 REP 即可在 Augur 上進行預測、交易。

持有 REP 的人被期望每八週對系統中隨機選擇的到期事件／預測的結果進行報告。持有者只有三個選項可以選擇：是的（事件發生了）、不是（事件沒有發生）、模糊不清／不道德的（如果持有者認為結果模糊不清，可以將報告推遲到下一期，在最終沒有決議就結束事件以前，報告者有兩個星期的時間來做報告）。用户期望這一過程能夠十分快速地進行，當 Augur 普及以後，這一過程可能在一小時內完成。

如果 REP 持有者在兩週的投票期內沒有報告指派給他們的事件的結果，或者進行不誠實地報告，主成分分析法（PCA）會將懶惰的、不誠實的持有者的信譽重新分配給經常報告和誠實報告的持有者。只有誠實的信譽持有者才能從每一次投票過程中獲得交易費用。

3.6 資產交易

數位資產是資產交易中的一個重要概念。網路時代的網路會計、辦公自動化、電子支付系統平台等使現行的生產方式具有了傳統生產方式無法比擬的優越性，可是在現實生活中，它們只是依託磁性介質而存在的一連串「0」和「1」的程式碼。它們雖是數位化商品，卻體現出資產的性質，因此稱其為數位資產。所謂資產數位化，就是指以電子數據的形式存在的，在日常活動中持有以備出售或處在生產過程中的非貨幣性資產。

隨著互聯網特別是物聯網的發展，資產數位化成為新的發展趨勢。數位化的資產將可以在區塊鏈上實現自由流動，並記錄下每一次的移動軌跡，為資產的各種權利歸屬的變化提供不可修改的證據。

3.6.1 房地產交易

購房合約、空白格式合約樣本及其雜湊值，確保了格式合約的版本內容是一致的。基於區塊鏈的房地產交易保存流程如圖 3-3 所示，第一步，用户將合約的填空（包括相關人的資訊等）、選擇、附言等部分填完即可完成合約；第二步，將以上內容經雜湊演算後獲得雜湊值，原始合約完成；第三步，買房人、賣房人、見證人可依次簽名，並附帶相應的公鑰，以便驗證；第四步，房地產登記中心私鑰簽名；第五步，將前一步內容經雜湊演算後得到的雜湊值，連同房地產登記中心公鑰一起保存到區塊鏈上。第六步，買房人、賣房人、見證人、房地產登記中心將以上資訊用自己的公鑰簽名後，可以自行存放，也可以存在區塊鏈上。

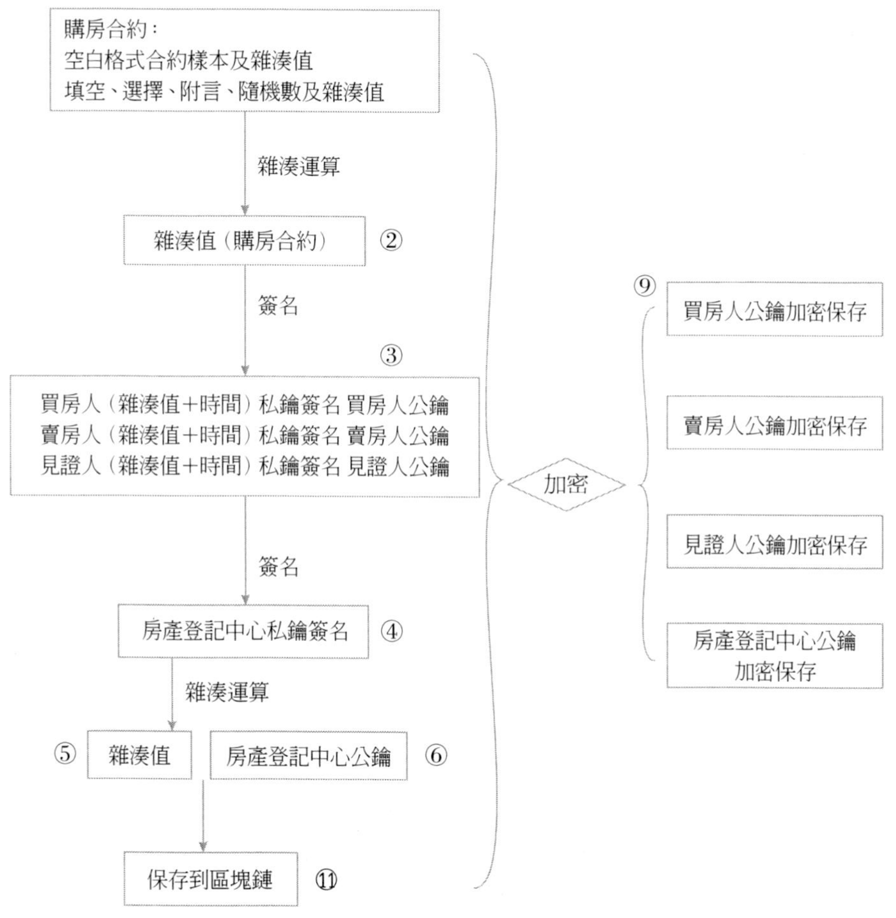

圖3-3　基於區塊鏈的房地產交易資訊保存流程

當用户需要查驗資訊，或需要給第三方查驗資訊（如司法部門）時，可按以下方法查驗（參見圖 3-4）。

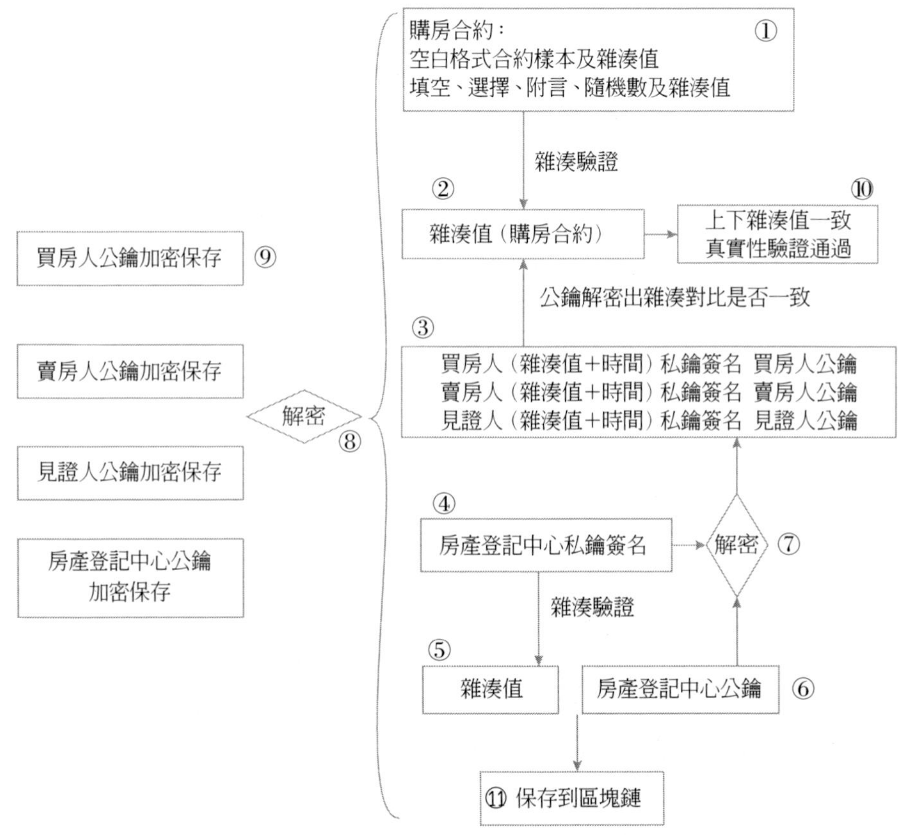

圖3-4　基於區塊鏈的房地產交易資訊查驗

01 先把自己的加密文件⑨找到，用私鑰解密⑧後發送給第三方；

02 第三方得到原始數據（①、②、③、④、⑤、⑥）後，可將用原始購房合約（①）生成雜湊值（②）；

03 驗證房地產登記中心私鑰簽名（④）的雜湊值是否為區塊鏈上記錄的雜湊值（⑤）；

04 用房地產登記中心公鑰（⑥）解密房地產登記中心私鑰簽名

（④），得到（③）；

05 用見證人、賣房人、買房人公鑰依次解密（③），獲得與購房合約（②）一致的雜湊值，驗證結果為原始合約真實有效（⑩）。

3.6.2 大宗商品交易

在區塊鏈上發行股權、期貨、外匯、票據債權資產、大宗商品等數位資產的企業應具備相應的資質並予以公示，若有行業協會或組織的認可則更好。區塊鏈將數位資產的發行、流通、權利人和兌付人清楚地記錄下來，不需要複雜的法律文書，也無法作假，有效地降低了交易成本，提高了資源配置效率。

以大宗商品資產數位化交易為例，交易所可以發行等價的代幣，採購商購買代幣後可向農民購買大豆，作為貨款的代幣可以打入三選二多重簽名地址，農民、採購商、仲裁方只要有兩個私鑰就可以同意支付或退款。這裡仲裁方是不能夠單獨移動代幣的，從而避免了挪用的風險，如圖 3-5 所示。

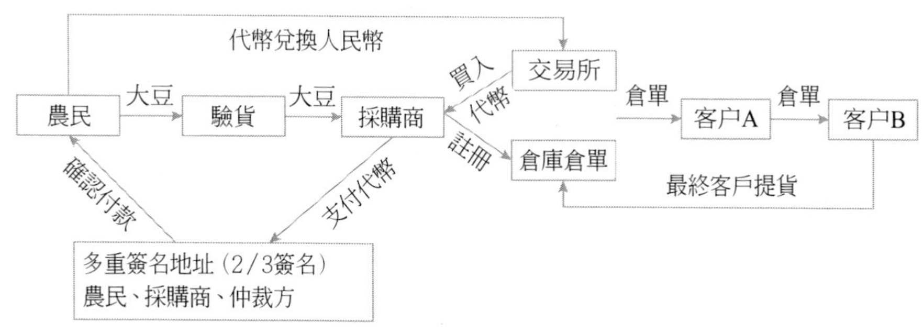

圖3-5　基於區塊鏈的大宗商品交易

交易完成後，農民收到代幣，可向交易所兌換成美金。收購商檢驗大豆後，交易所認可的倉庫將其註冊為標準倉單，並發放現貨數字倉單，投機客和用户都可以用代幣買賣數字倉單，也無須將貨物反覆運送，最終用户最後提貨即可。

較常見的是產權類資產的交易，由此可以衍生出資產的經營權、受益權等衍生品的交易。按交易主體之間的組織形式分，有六種形式：兼併、承包、租賃、拍賣、股份轉讓和資產轉讓。基於上述對資產以及資產交易的理解，再參考一下區塊鏈領域裡相關的三個概念，即區塊鏈世界的三個必要元素：數位資產、智慧合約、共識模型。由此有了數位資產類比資料結構、智慧合約類比軟體演算法和共識模型類比軟體架構這三個要素，最終生產出區塊鏈的實體：可信的共享的總帳本。智慧合約可能是非必須的，但這樣的區塊鏈會是弱化的。學過程式的人應該都瞭解資料結構的重要性，數位資產也是類似的概念。在區塊鏈世界裡，數位資產是被操作的實體，是有效的被認證的實體，如果沒有資產的概念，那麼區塊鏈只能用於公證服務，而不能傳遞價值。

當人們將熟悉的各類實物資產、證券化類資產打上數位標籤後，這些數位化的資產便可以在區塊鏈上實現自由地流動，並記錄下每一次移動的軌跡，為資產的各種權利歸屬變化提供不可修改的證據。在研究資產交易的時候，容易和前面章節中的區塊鏈交易所產生概念上的混淆。可以確定的是，當資產交易以標準化產品的形式進入高頻率流轉狀態時，交易所成為最為有效的流轉環境；而在數位化資產存在標準化難度以及非高頻交易的情況下，具有撮合交易功能的交易所模式就會被以協議轉讓和做市商模式的交易市場所替代。

現有的各類交易市場是相互分裂的，在資訊、資金、權利確認等方面沒有打通，對資產交易的流通價值打了一個大大的折扣，這一部分將透過區塊鏈技術以聯盟的形式加以完善。

電子商務

傳統的電子商務公司採用中心化的服務，如 eBay、亞馬遜、阿里巴巴等電子商務平台，對賣家實施嚴格的監管。他們需要用户提供個人資訊，而這些資訊可能被盜取或者賣給其他人，用於精準投放廣告或者危害更大的濫用。因為電子商務公司和政府審查所有的交易商品和服務，所以買家和賣家不能真正自由地進行交易。

特別是，在許多電子商務平台，商家的銷量造假與業配已成為潛規則，消費信任體系面臨著嚴重的挑戰。消費者的購買行為很大程度上依賴於銷售排名、購買評價等，而這自然也會對消費者產生誤導，造成錯誤的選擇。銷量造假與業配破壞了競爭秩序，如果商家都銷量造假，市場交易將會偏離公平競爭的軌道，網購生態環境將進一步惡化。銷量造假儘管在短期內會帶來利好，但長期看會嚴重損害企業的品牌價值。網路交易的維繫要靠商家的信用和消費者的認可，一旦由於銷量造假引發消費信任體系崩塌，對電商的發展可能是致命的，不能掉以輕心。

去中心化的 OpenBazaar 為電子商務提供了另一個途徑。它把權力歸還到用户手中，將賣家和買家直接聯繫在一起，不再需要中心化的第三方來連接買賣雙方。因為在交易中不存在第三方，所以不存在交易費用，沒有人能夠審查交易，而且公開個人資訊的決定權也在用戶手中 [50]。

3.7.1　支付應用

在電子商務中，支付系統是必不可少的一環，它確保了消費者、商家以及金融機構在整個交易過程中的權益和責任安全。而區塊鏈本質上就是一個支付系統，人們完全可以使用區塊鏈上的虛擬貨幣來對日常生活中的消費進行支付，比如交通支付、水電繳費等。此外人們也可以隨時向親友、商家進行轉帳支付。圖 3-6 為基於區塊鏈的支付系統示意圖。

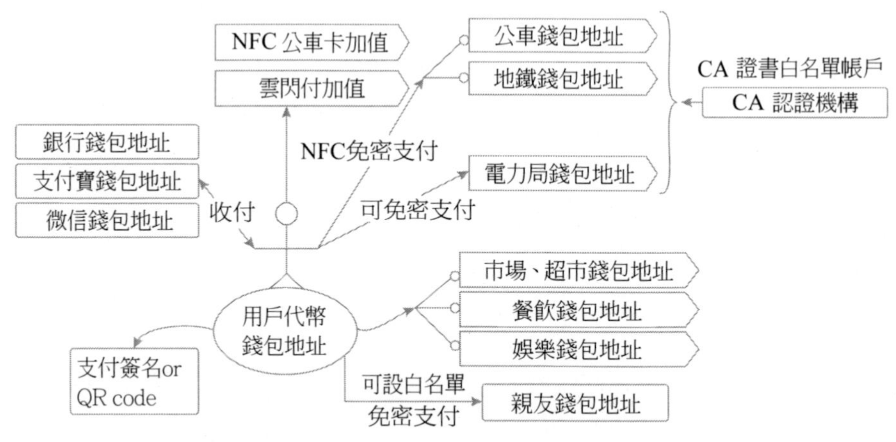

圖3-6　基於區塊鏈的支付系統

有人可能會問，目前的網銀、第三方支付不都已經實現這些功能了嗎？為什麼還需要區塊鏈這套支付系統呢？

眾所周知，區塊鏈就是一個分散式帳本，它建立在去中心化的 P2P 信用基礎之上，人們無須任何第三方金融中介機構，就可以向全世界證明自己的權益；同時，安全性又明顯高於其他的電子支付系統，不僅數據無法篡改，而且即使遇到局部的網路癱瘓，也不會影響區塊鏈的運行。此外，區塊鏈技術沒有地域限制，對跨境電子商務來說，意義非凡。區塊鏈具有的高效率、低成本特點是其他電子支付系統無法做到的。

3.7.2 仲裁交易

區塊鏈技術具有去中心化、安全性高、記帳速度快、成本較低、公開透明等優點。儘管區塊鏈不是一個第三方中介機構，但卻可以實現第三方中介的職能。透過區塊鏈上的智慧合約，用户可以完成點對點的支付交易，而無須擔心對方的信用問題。

當然，在實際的電子商務中，買賣雙方當事人在執行合約時也可能會發生爭議，這時就需要引入雙方信任的中介來仲裁，透過多重簽名來完成交易。

在智慧合約裡，買方、賣方和仲裁方會建立一個需要多重簽名的地址，這個地址至少需要兩個簽名，才可以對外轉帳。然後買方和賣方分別向該地址發送數位貨幣和數位資產，假如交易順利，買賣雙方簽名確認後就能完成交易；若交易發生糾紛，需退貨、賠償時，中介方可參與仲裁，並與任意一方執行仲裁結果，如圖 3-7 所示。

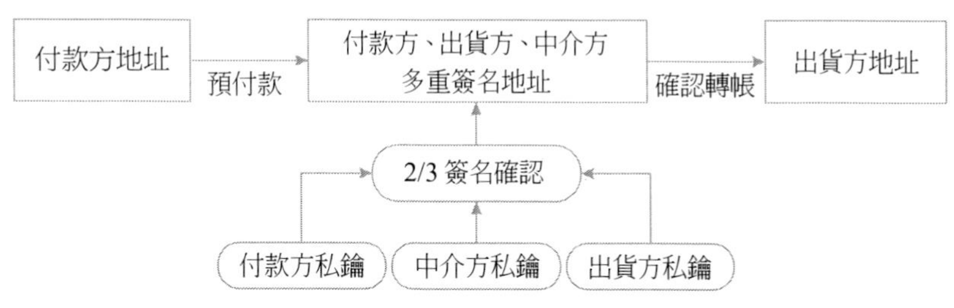

圖3-7　基於區塊鏈的貿易仲裁交易示意圖

有了支付、仲裁的功能，區塊鏈技術就可應用到人們的日常生活中了。一旦商品細節和消費清單被記錄到了區塊鏈，人們的消費情況自然也就明明白白了。

以餐飲為例，商家提前將可提供的菜名、材料、數量、單價等資訊登記到區塊鏈上。財政部、工商部門、經消費者協會可擔任仲裁方。消費者點菜前生成一個多重簽名地址，點完菜後簽名預付款，這樣既能在消費前確認消費金額，又能讓商家確定消費者的消費能力。用餐完畢後，消費者和商家確認即可完成支付，如對消費不滿意，可申請仲裁。為基於區塊鏈的餐飲仲裁交易如圖 3-8 所示。

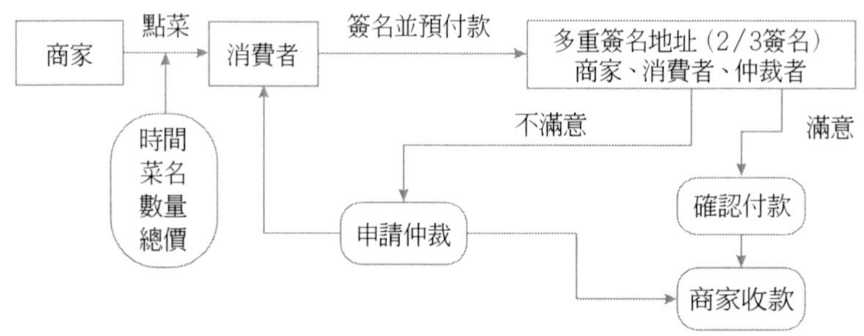

圖3-8　基於區塊鏈的餐飲仲裁交易示意圖

在現實生活中，如果早有這樣的消費模式，天價蝦、天價魚、天價茶，天價水果等事件就不會發生了。

3.7.3　OpenBazaar

OpenBazaar 是為網上點對點交易創建的去中心化的網路開放項目 [50]。在 OpenBazaar 平台上買賣雙方使用比特幣進行交易沒有費用，而且不會受到政府監管機構的審查。簡單地說，它就是 eBay 和 BitTorrent 結合的產物。

假如賣家打算出售舊筆記型電腦，他首先需要下載 OpenBazaar 客户端，然後在自己的電腦上創建一個商品目錄，並標明商品的細節。當賣家公布這一商品目錄後，該目錄會被發送到 OpenBazaar 的分散式 P2P 網路上。其他 OpenBazaar 用户搜索賣家設置的關鍵詞，如筆記本、電子產品等，就可以發現其商品目錄。這樣其他用户就可以接受賣家的報價或者不接受報價，提出新的報價。

如果雙方都同意價格，OpenBazaar 客户端就會使用雙方的數位簽章為交易創建一個買賣合約，並將該合約發送到被稱為公證人的第三方。當買賣雙方產生糾紛時，公證人就介入交易。第三方公證人也是 OpenBazaar 網路的用户，他們可能是你的鄰居，也可能是地球另一端的陌生人。不管他們在哪裡，當產生糾紛時，他們都是賣家和買家信任的人。第三方為合約作證，並創建多重簽名比特幣帳户，只有當集齊三個簽名中的兩個時，比特幣才會被發送給賣家。

買家發送商定好數量的比特幣到多重簽名地址。賣家會得到通知，知道買家已經繳款，就可以出貨了，並告訴買家已經出貨。幾天以後，買家收到筆記本，他將告訴賣家已收到筆記本，並從多重簽名地址釋放貨款。這樣賣家獲得了比特幣，買家獲得了想要的筆記本。而在這期間沒有額外交易費用，沒人審查交易，買賣雙方皆大歡喜。

3.8 文件儲存

傳統的中心化雲端服務，如亞馬遜、阿里雲等，其成本主要來自於資料中心的建設、員工薪水等。但隨著業務量的成長，用中心化的雲端儲存架構來提供資料存取服務是昂貴和低效的，同時資料中心消耗了全球約 1.1% ～ 1.5% 的電力（並且這種電力消耗還在以每年 60% 的速度成長）。此外，用户帳號和密碼被盜的新聞屢見不鮮，這都證明在這種架構下，保證用户資料的安全幾乎是不可能的。資料中心成為了互聯網的瓶頸，而採用去中心化後，儲存成本則只有中心化儲存的 1% ～ 10%，一旦去中心化的儲存系統是完全自動化的，雲端儲存的價格最終會降至 0。如同 Uber 分配空閒車輛資源一樣，透過去中心化的雲端儲存平台，人們也可以出租額外的硬碟空間，並獲得相應的回報。例如，Storj、Enigma、MaidSafe 這類的平台都已經實現了該項功能。

區塊鏈是一種新型的去中心化協議，能安全地儲存交易或其他數據，並且無須任何中心化機構的審核監管。運行在基於區塊鏈的新型的雲端運算平台，無須架設任何伺服器。對於區塊鏈，除了把它當作帳本來確認交易，可以認為它是由運算設備所組成的網路基礎設施，但不應把它理解為傳統意義上的雲端運算，區塊鏈的基礎設施並不替代現有的雲端運算技術，而是將雲端運算基礎推向了大眾。相比於傳統的雲端運算基礎設施，區塊鏈雲可以認為是「瘦雲」。因此，它更適合運行一種叫做智慧合約的程式，我們可以將智慧合約理解為運行於區塊鏈中「虛擬機」上的商業邏輯。顯然虛擬機這個名字是從傳統雲端運算中借用的，其實它就是這些去中心化的電腦所組成的虛擬網路，這些電腦由區塊鏈的共識機制聯繫在一起，這一共識就是：執行特定的電腦程式。

這裡可以把區塊鏈與傳統雲端運算虛擬機上運行程式的開銷做一個對比。在亞馬遜 AWS 這樣的雲端平台上運行一個應用時，收費是根據運算時間、儲存、資料傳輸和運算速度共同決定的。而對於以太坊這樣的平台來說，你的邏輯運行於物理伺服器中，其實無須關心這些伺服器如何運行，因為其他用户，也就是俗稱的礦工正在幫你打理伺服器。這是一個類似於眾包的過程，礦工們根據自己硬體的使用量來獲得報酬。因此，區塊鏈雲可說是有一種微型的價值定價，它透過一個加密的交易確認和狀態變換的紀錄層實現了傳統雲端運算架構的扁平化。

在這個新的架構之上運行應用還有一項挑戰：需要修改你的應用，並遵守基於區塊鏈的 Web3.0 架構。以以太坊為例，一個 3 層的 Web3.0 架構包括：（1）先進的瀏覽器作為客户端；（2）區塊鏈作為共享的資源；（3）由電腦組成的虛擬網路以去中心化的方式運行著商業邏輯。這一範本實際上就是加密去中心化運算發展方向的一個例子，它也是現在的網路應用架構的一個變形[51]。

分散式儲存平台— Sia

Sia 是分散式文件雲端儲存電信業者，其發布的一款數據儲存協作雲端服務是基於區塊鏈的，具有自動化點對點的特性，允許用户在可靠的安全協議下制定儲存計劃。類似於去中心化的儲存項目 Filecoin 和 Storj，Sia 的目標是建立一個非信任的、具有容錯能力的文件儲存服務。[52]

個人和用户數據被 Sia 平台分散儲存在眾多節點中，可以被自動化智慧合約追蹤。文件由多階段進程提供保護，並且由加密演算法 Twofish 加密。該平台的強大功能建立在 RS 分散式文件系統上。所有的用户數據在進入 Sia 客户端的時候都被分割成很多小塊，只留下用户恢復原始數據的少數片段。敏感的用户資訊塊被壓縮至 4MB，用於保護用户隱私。最後，每個壓縮塊又使用客户端的金鑰加密。安全協議用來防止駭客攻克 Sia 平台並竊取用户數據。主機接收到一個加密的二進位塊，並且沒有關於文件其他部分的資訊，即便是駭客發現了，他們也仍然需要破解眾多的加密密鑰用以恢復文件。

Sia 平台嚴格而複雜的加密和去中心化的分散式文件系統可被用於去中心化應用的開發。它的 API 使得開發者可以直接在 Sia 的客户端儲存文件，允許第三方應用的用户直接訪問他們的客户化數據儲存系統，並且不需要改變原來的客户端。這家公司也發布了與 Crypti 合作的消息，Crypti 是靈活的後台應用開發平台。在這項合作中，Crypti 的工程師可以集成 Sia 的 API，訪問 Sia 的數據儲存客户端。Sia 團隊說:「作為他們去中心化應用開發的儲存層，Crypti 已經集成了 Sia。Sia 提供了 API，可以上傳文件到儲存網路。Crypti 是一個靈活的平台，可以集成多個後台，但是 Sia 是第一個去中心的嘗試，允許開發人員創建實實在在的非信任 Crypti 應用。」第三方應用和 Sia 平台用户都有權發布在文件儲存上的智慧合約。這種特性就使得上傳者和主機在儲存要素上取得共識，包括儲存期限、付費計劃和總額，並且可以將資訊嵌入到區塊鏈中，自動建立一個不可更改的合約。

Sia 團隊解釋道:「當合約到期時，主機就會提交一個儲存證明到區塊鏈，顯示它仍然是合約定義的文件。如何證明是有效的，上傳人員的錢將被支付到主機，主機將返回抵押品。但是如果主機提交了無效的證明，或者沒有提交證明，所有的錢都將還給上傳者。」

「Sia 網路的超級平行性意味著上傳和下載速度可以滿足絕大部分的連接要求。大型分散式節點陣列意味著 Sia 是一個強大的 CDN。廣義網上不存在程式邏輯，使得 Sia 在面對電力中斷方面更靈活，比如在電力供應中斷和發生自然災害的時候。Sia 網路在具體實現上各方面的表現都是非常先進的。」

目前，Sia 雲端儲存網路售價是每 TB 每月三美元。據網站所述，目前這個網路上已經儲存有超過 1TB 的數據。現在這個項目已經正式發布了，Sia 團隊的目標是讓開發者和企業客户也參與進來。隨著平台越來越引人注目，這個團隊計劃持續改進核心的 Sia 協議，聘請高級工程師改進平台的安全協議和用户體驗。

3.9 物流

物流是電子商務中極其重要的一環。二〇一五年十一月十一日，中國的天貓、京東等電商紛紛刷新了各自的銷售額紀錄，但物流行業卻在短時間內承受著六億八千萬個包裹的配送壓力，遺失、倉庫爆滿、錯領、資訊洩漏，甚至交通意外導致的包裹損毀，都嚴重困擾著物流企業。

區塊鏈上的包裹溯源

區塊鏈作為一個幾乎無法篡改的資料庫，應用到物流行業，同樣能造成驚人的作用。在實際應用中，每個快遞員或快遞點都有自己的私鑰，是否簽收或交付只需要查下區塊鏈即可。包裹每轉移一次，都需要發送人和接收人的私鑰簽名來確認，以證明交接完成；包裹資訊及其雜湊值同時保留在區塊鏈上，當包裹狀態發生變化，更新資訊也會即時追加到區塊鏈上，以便追蹤歷史狀態。收件人的公鑰地址，可由寄件人預先設定，當包裹到達收件人地址，自動完成簽收；收件人也可以設置可信的代收點的公鑰地址（如小超市、物業、門衛等），來提升物流的配送效率；在區塊鏈上的物流詳情，僅參與者和監管機構有權查詢，既滿足對快遞物流實名制的要求，又能確保用户的隱私。基於區塊鏈的包裹溯源示意圖如圖 3-9 所示。

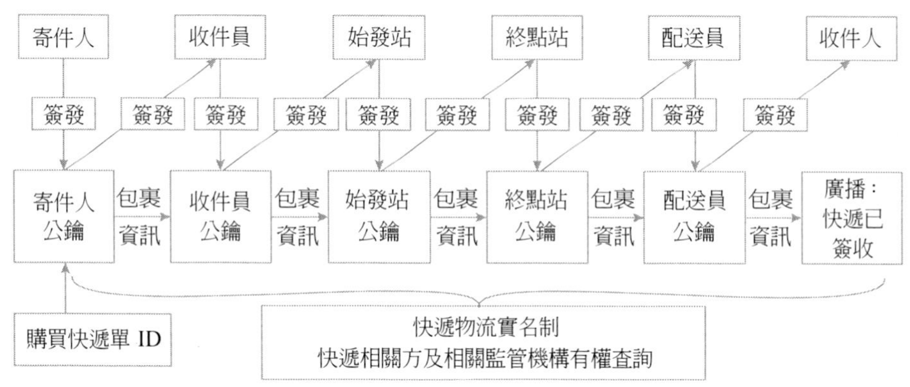

圖3-9　基於區塊鏈的包裹溯源示意圖

區塊鏈在物流領域的應用，完美地體現了它無法篡改和承載大數據的優點。每一個環節都需要進行確定，最終用户沒有收到快遞就不會簽收，快遞員無法偽造簽名，可以杜絕快遞員透過偽造簽名來逃避考核，減少用户的投訴。同時，對於快遞業來講，透過區塊鏈可以掌握產品的物流方向，提高物流速度和工作效率，防止竄貨，保證各級經銷商的利益。

3.10 交易所

股權交易所的參與主體有交易所、上市股份公司、證券公司、商業銀行以及投資股東。

區塊鏈在股權交易中的應用流程如圖 3-10 所示。

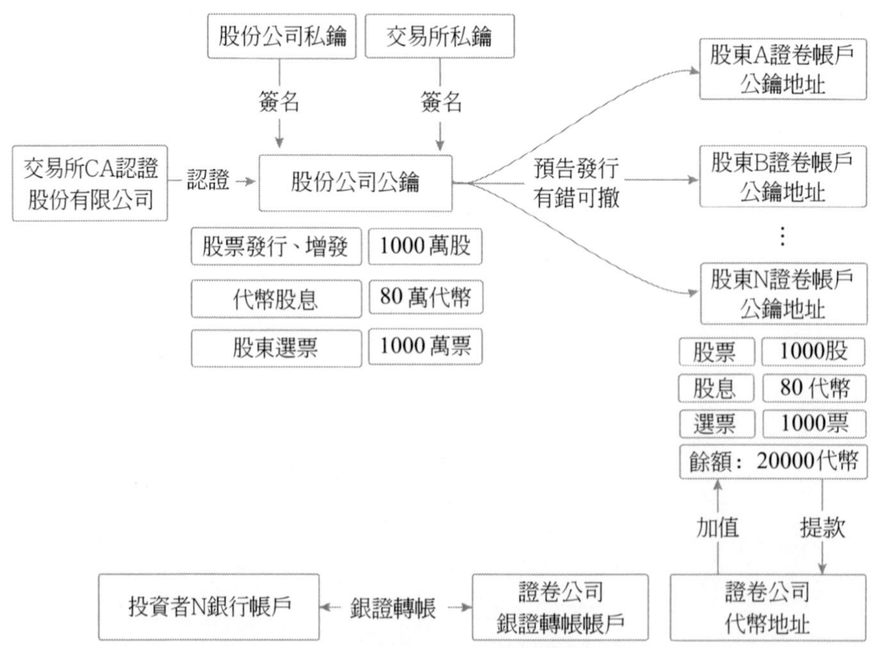

圖3-10 區塊鏈在股權交易中的應用流程

數位貨幣（代幣）即投資者購買股票所用的資金。投資者從銀行帳户裡將法定貨幣轉入到證券公司的銀證轉帳帳户裡，證券公司兌換等量的數位貨幣，這樣就可以實現在區塊鏈上的加值紀錄查詢。

股票交易所裡的數位資產包括股票、股息、選票，對應著股權的買賣、股份公司的分紅以及股東大會的投票。因此股票的發行交易、股息分紅、投票紀錄也都可以在區塊鏈上查詢。

在預告發行：先通知（股東），後執行，確保數位資產發送方向和數量的正確，如果發現錯誤，可撤銷。

區塊鏈交易所

區塊鏈上的交易配對，不只是簡單地完成交易，還能查詢到哪兩個地址完成了配對，以及配對成交了多少的數量，具體過程如圖 3-11 所示。買賣雙方透過網路交易系統自主報價，相當於簽署了一份智慧合約。配對成功時，買入方獲得股票，支出相應價值的數位貨幣，同時賣出方支出股票，獲得相應價值的數位貨幣。

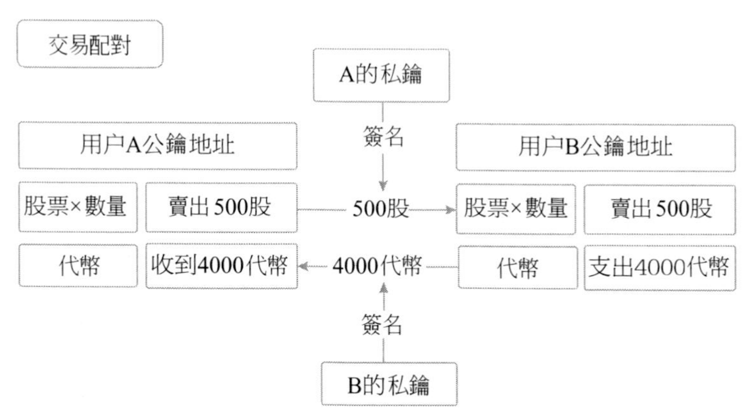

圖3-11　基於區塊鏈的交易配對

區塊鏈交易所是這樣一個交易平台（見圖 3-12）：首先由買賣雙方自主

報價，然後根據價格優先、時間優先等原則進行排隊，可以連續競價，也可以一對多成交；成交的同時，也會自動將交易所需的數位資產或者數位貨幣匯入到交易所統一的地址中；當市場價格達到智慧合約撮合交易的條件時，就會完成配對交易；交易完成後，買方獲得數位資產，支出數位貨幣，賣方獲得數位貨幣，支出數位資產。

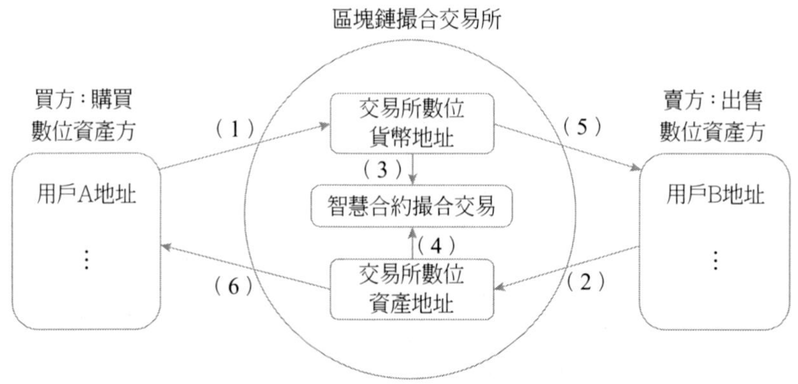

圖3-12　區塊鏈撮合交易所

證券市場是區塊鏈非常適合的應用領域，兩者之間的契合度非常高。首先，證券登記與發行是證券交易市場的基礎。區塊鏈將利用其本身的安全透明、不可篡改、易於追蹤等特點，對證券登記、股權管理、證券發行進行數位化管理，使其變得更加高效和安全。不過，區塊鏈在證券登記發行上的應用存在著法律合規問題、投資者匿名監管問題、區塊鏈上的數位證券與現實世界價值對接等問題。其次，傳統的證券交易，需要經過中央結算機構、銀行、證券公司和交易所這四大機構的協調工作，才能完成證券的交易。這種模式效率低、成本高，且造就了強勢的中介機構，金融消費者的權利往往得不到保障，而區塊鏈系統則可以獨立地完成一條龍式服務，所以，全球的金融、證券機構都已在探索這方面的應用。

醫療應用

3.11.1 區塊鏈與個人健康紀錄

「病歷」的一個清晰簡明定義是：在診療過程中所產生的所有數據（文字、表格、圖片、聲音等等）都是病歷的範疇。二〇〇〇年以後，各國就已經開始逐步推進電子病歷，病歷書寫迎來了無紙化時代。對於醫院來說，電子病歷的推行提升了醫生的辦公效率，但是，一個不可否認的事實是，大部分的醫療資料完全封閉，處於孤島狀態。美國為了推進個人健康檔案的可及性，Markle 基金會發起了「藍鈕計劃」，這個計劃簡單地說就是讓患者能夠下載自己的病例紀錄。病人能夠獲得自己的健康資料帶來的益處並不僅僅是方便轉診和建立個人的「生命雲端」，還有一個非常重要的作用是鼓勵患者參與治療過程。

現在的問題和困惑是：資料不在患者這裡保管，醫療機構有意阻止患者獲取自己的資料。在法律層面雖然承認客觀病歷[2]完全屬於患者，但是在實際申請資料的時候卻會困難重重。

區塊鏈首先要解決的問題就是患者的資料可隨時攜帶，並且永久屬於患

2 非醫生主觀的診斷意見，醫學影像資料及各種儀器的檢驗檢查結果資料。

者個人。由於患者在獲取醫生之間交流的病歷資料時困難重重，美國政府已經投入了逾四百億美元來推動醫療紀錄的 Meaningful Use（有效使用），這無疑會推進「藍鈕計劃」。

公立醫療機構因為利益分配問題，或者醫患關繫緊張而不願意輕易地共享資料。接著難題又出現了，非公立醫療機構和行動醫療創業公司仍然因為商業利益而把資料禁錮在自己的可控範圍內。個人的資料碎片化，不能持續記錄和共享，浪費了大量的社會資源。因此，要建立一個以個人為最小單位的、基於時間軸連續的、即時更新和傳輸的醫療健康檔案只能是基於區塊鏈技術。要實現把患者資料交還給本人，將是一個自下而上的運動。

也許有人會擔心，由於患者個人意識差，可能會阻礙醫療行業區塊鏈的推進。但是美國著名的醫學預言家埃里克·托普的《The Patient Will See You Now》一書啟發了人們，並定位了下一代行動醫療的改變：以患者為中心的民主醫療時代即將到來。把醫生主導的家長式醫療變成使患者成為自己健康的 COO。區塊鏈在這個時代應用於醫療領域將成為一個非常重要的技術槓桿，將賦予患者更多的自主權，便於個體獲取醫療資料、積極參與醫療管理，這對於有效降低醫療成本與實現疾病的預測、預防，具有重要的價值。舊金山的居民 Santiago Siri 在臉書上為自己剛出世的女兒 Roma Siri 製作了一份區塊鏈出生證明，這預示著個人對於區塊鏈在健康領域的應用啟蒙。

「HIMSS 大會 11.8-11 Washington DC」議題提出，更加強調和認可個人在健康管理中的權力（儘管當下中國的公立醫院和醫生處於強勢地位，隨著醫療的互聯網化和市場化，患者勢必會成為醫療服務的主動參與方），這成為推動以自我管理為核心的新型醫療模式的關鍵。Lieber 特別強調了患者產生的健康資料（Patient-Generated Health Data，PGHD）的重要性，儘管資料本身的專業性和可信度仍受到傳統醫療的質疑，然而這部分無疑是相當有價值的資料。「可能是即時的臨床資料的最好來源」。個性化是未來醫療發展的關鍵，如果患者沒有拿到自己的資料，不能保證自己的隱私，個性化醫療就沒有存在的基礎。《顛覆醫療》裡面提到，以後是患者為中心的時代，「患者為中心」至少目前還是一個口號而已。以醫藥虛假廣告收入為主的 IT 公司，他們用強大雲端運算技術建立病歷庫，儘管技術誘人，相信那也只是一種甜蜜的誘餌。強大的公司有它強大的叢林法則行為方式，需要和他們保持距離。

3.11.2 區塊鏈與病人隱私保護

患者隱私權，是指患者對上述與醫療相關的個人資訊所享有的不被他人知悉、觀看、拍攝、公開、干涉、研究、發表和商業利用的一種人格權利。個人意識的覺醒是在於對隱私的保護，維護個人健康紀錄的隱私權，是區塊鏈首先可以解決的問題。

醫療資料共享、機構加強互操作性對於醫療資料的應用非常重要。但是在開放的環境中，如何保護患者的安全與隱私是一個非常棘手的問題。對於用户認證、安全審計、訪問控制這類問題，區塊鏈技術都能較好地解決。關鍵的前提是將患者資料回歸個人保管，這是大勢所趨。無論是國際和中國，對於數據互操作性都有大量的標準，也有 IHE ATNA（醫療資料安全與隱私的流程）標準。結合患者資料用區塊鏈儲存和 IHE ATNA 的規範標準可以構建出一個兼顧個人隱私和區域衛生資訊平台資料交換的新應用模式。因為資料所有權屬於個人，這大大簡化了審計流程。資訊洩漏、資訊詐騙會降低患者就醫滿意度，並且會給醫療保險公司帶來巨大的風險。騙保、信用欺詐對醫療資源有限的國家危害極大，並且這種灰色的產業鏈此起彼伏，難以監管。而基於區塊鏈的技術，可以降低審計成本，堵住灰色鏈條上的資金流失，具有重大的社會意義。

3.11.3　區塊鏈構建醫療互信機制

在中心化體系中，人們都沒有得到因為技術進步而帶來的實惠，反而感覺醫療行業是一個無底洞，再多的資金和投入都難以讓醫生和患者滿意。以目前的趨勢，醫療中心化體制正在不斷地被分化瓦解。構成醫院的各種資源也在市場經濟的環境中不斷地被分化瓦解。醫院目前還在禁錮醫生的自由流動，但其他部分都有被去中心化思維分化的趨勢。

在構建互信體系中，區塊鏈不僅僅是在軟體層面上的，而且會影響到架構管理層面。在醫療行業的不信任可以總結為 4 點：醫院部門之間信任不暢、患者對於醫生不信任、醫生對醫院不信任、醫生對自己不信任。解釋最後一點，「醫者仁心」在醫院的 KPI 利益面前蕩然無存。人才資源的去中心化（醫生走向自由執業）、醫院資源去中心化（醫院將各種非核心業務外包）都有符合去中心化的管理架構的趨勢。相對於患者來說，醫生需要在區塊鏈上建立自己的品牌，沒有醫院的光環後，區塊鏈成為醫生的核心寄託，在區塊鏈上發行醫生自己的信用並持續維護將會成為一個新的生態鏈結構。在人類沒有徹底搞清楚生命本質的時代，在醫療資源有限的情況下，區塊鏈在重構醫患關係方面的意義遠遠高於新型醫療技術發展對社會的意義。

如何將醫生的尊嚴用區塊鏈方式進行積累，山口揚平（《幸福資本論》的作者）做了精闢的闡述：「你對社會做了貢獻，貢獻會產生信用，信用會影響你的社會形象和未來發展。當信用積累到一定程度時，你就會迎來『天降大任於斯人也』的一天。」

對於醫生走向自由執業道路，在區塊鏈上持續發行信用，「人們在誠信的平台上，在保證價值的意義與相關資訊不被破壞的前提下，推出了新的有機經濟體制，即信用主義經濟」。區塊鏈技術是醫生脫離體制獨立發行信用的技術基礎。

3.11.4 區塊鏈構建新一代互助醫療保險

區塊鏈給傳統保險公司帶來的變革，表現在以下幾個方面。

（1）大幅度降低達成信任的成本。

（2）回歸健康保險的價值——預防干預。

（3）降低審計成本，加快理賠效率。

（4）建立「醫療點對點區塊鏈互助組織」，超越傳統保險公司。

在區塊鏈應用的幫助下，保險產品既可以是本地的，也可以是全球的。進一步來說，在保險的市場推廣上幾乎可以即時地進行本地化調整。區塊鏈應用使得人們可以跨區域交流，傳輸價值和資訊。區塊鏈技術和相關應用在空間上和數量上都是全球性的，但同時也可以調整為滿足特定區域人群的具體需求。當從今天絕對的中心化和空間的錨定化模式，轉換為點對點雙向互動的保險平台時，地域就變成相對無關緊要的選擇條件了。[53]

目前，儘管市場上已經出現了各種大病群眾募資的互助組織，但是與區塊鏈群眾募資互助組織相比還是有很大的區別。這些群眾募資組織還是需要中心化的運作模式，並沒有徹底消除傳統保險公司的弊端，只是他們可能比傳統保險公司管理得更加粗放。透過基於區塊鏈的點對點互助保險平台，區塊鏈技術可以讓人們更加直接地管理他們的風險。作為系統的營運者，基本上不觸及任何的資金，完全沒有專門的資金池。所有的資金全部透過第三方支付管道直接支付給需要保障金的會員，同時確保所有支付紀錄可以查詢。由於營運者不接觸資金，所以會規避絕大多數的法律風險，甚至該組織本身也不會被認為具備保險公司的特徵。在現有系統中，透過採取更多複雜的保險模式，才能讓知情權嚴重不對稱的客户交出更多的保費。在未來的系統中，透過繳納保費和支付理賠的方式來獲得利潤這個基礎已經不復存在了，那時現有的精算模型就完全失效了，而新的精算模型將變得更加公平，讓系統中的每一個會員獲得更公平的保障。這樣的精算模型和會員的利益是完全一致的。

互助群眾募資組織和傳統保險公司一樣，難以擺脫中心化的運作方式。因為參保人並不能掌控中心化的實際運作成本。

表 3-1 是目前醫療健康保險公司認為合理的保費構成，從中可以看到，營運、佣金和 TPA 的比例非常高。真正的醫療保險公司是為了推進人類健康，而非僅僅是一個金融遊戲。只有基於區塊鏈的 DAO 健康互助組織，才符合未來的發展趨勢，該組織中，包括定價和 DAO 的走向都由參加群眾募資的用户來投票決定。因為群眾募資組織無法兌現承諾而跑路的公司比比皆是，所以 DAO 將會是未來醫療保險的重要組成部分。為了讓互助醫療保險的 DAO 能夠有效營運，可以靈活地使用各種規則，比如「為了組織提議的垃圾化，新建提議時需要支付最小押金，如果達到法定數將返還押金，如果不足，則提議的押金將保留在 DAO 中。代幣的價格隨著時間而增加，這些規則都可以寫入合約中自動執行」[3]（這裡可以理解為，越是後期購買的人風險越小，這些人當然需要支付更高的價格）。各種規則用數學模型寫入合約並自動地執行，就是為了透明和公平。

表 3-1　目前醫療健康保險公司的合理的保費構成

保費構成	占比
年金	45%
風險	15%
TPA	10%
佣金	5%
營運	25%

3　摘自DAO（slok）白皮書。

在 TPA（第三方健康管理）部分，為了鼓勵患者能夠主動做健康干預，可以將獎勵規則寫入到合約裡面。以健康為目的 DAO 互助組織和傳統保險公司最大的不同是，健康 DAO 互助組織會盡可能透明地運作和去中心化管理，並且盡量讓更多的資金投入到 TPA，而目前傳統的保險公司和醫療互助群眾募資組織都很難做到這一點。沒有健康干預，這些公司始終玩的就是金融遊戲，這不是醫療保險公司或群眾募資組織應該的目標。可以想像一下，結合區塊鏈與物聯網，就能在某些領域做到有效干預，比如客户持續穿戴心電監測儀器 1 個月，DAO 就執行代幣獎勵，並且自動降低客户在第二年的參保費用。無論科技如何發展，人們應該清醒地認識到，人類 80% 的健康因素取決於他們的行為和習慣，而行為和習慣是可以改變的。人們應該是自己健康的 COO，區塊鏈智慧合約將在 TPA 中扮演重要的角色。

在醫療保險領域，區塊鏈技術首先可以應用在降低審計成本方面，包括身份識別、醫療資料和費用的不可篡改，但更深層次的應用是建立健康互助的 DAO 組織，這個組織會徹底顛覆現有的保險模式。

3.11.5 區塊鏈與健康雲端

醫療資料結構非常複雜，這些資料是不是都需要寫入到區塊鏈中？當然不是這樣。結合中心化雲端儲存和區塊鏈是實際的解決辦法，如圖 3-13 所示。

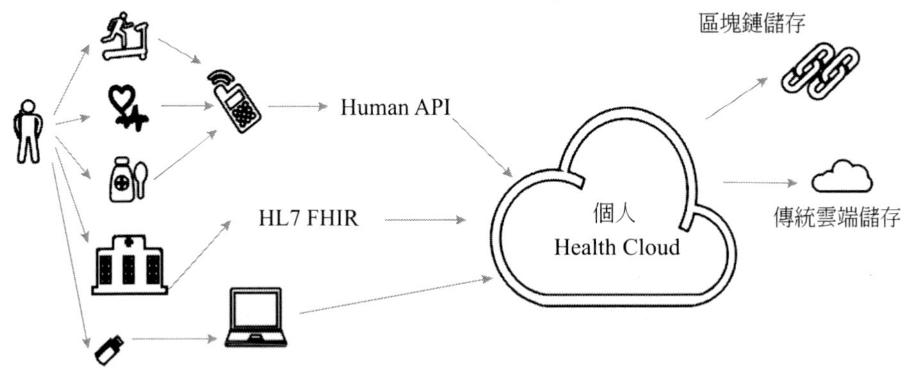

圖3-13 醫療資料儲存方案示意圖

如圖 3-13 所示，醫療資料中有來自於個人醫療感測器的數據、醫院和體檢機構的數據和個人直接上傳的資料。為了讓數據有很強的互操作性，可以基於 HL7 發布的 FHIR（Fast Healthcare Interoperability Resources，快捷式醫療服務互操作資源）來定義數據和基本元素標準。Health Cloud（健康雲端）是區塊鏈儲存和傳統雲端儲存的結合。

個人健康雲端需要組織的資料如圖 3-14 所示。

圖3-14 個人健康雲端資料

對於核心資料，包括患者的隱私資料、核心帳務數據、治療過程等內容可以寫入到區塊鏈中。對於占儲存容量非常大的數據，比如醫學影像、基因定序、其他聲音、圖片等，還是應該存入雲端儲存中。在區塊鏈裡面可以儲存這個文件的雜湊值和雲端儲存的 url 地址等，重要資訊可以在加密後放在雲端儲存中。由於文件的數量太大，區塊鏈裡面無法儲存這個文件，但又要申明有這個文件存在，可以用雜湊值來校驗文件的唯一性。首先，可以結合區塊鏈和密碼學技術，讓患者擁有他們的私鑰；運用綜合技術在病歷層面上打造醫療的區塊鏈生態，中心化的伺服器在關鍵業務中仍然需要發揮作用，區塊鏈技術可以作為患者私鑰的技術基礎。醫生也可以建立這樣的健康雲端，其中一部分資料可以來自患者的主動貢獻和分享。

如圖 3-15 所示，基於區塊鏈的健康數位資產，可以方便地實現轉診、授權和調閱，再也不必害怕資料被別人竊取了（當然需要保管好自己的私鑰）。將個人健康數位資產加入到 DAO 組織，在區塊鏈上發布自己的健康知識，寫入自己的知識版權紀錄，就可以進行交易，即使授權給研究機構使用也可以按照協議分得收益。授權個人健康資訊研究新藥，並且獲得藥廠的獎勵是天經地義的，這讓製藥廠商和個人都能受益，而各種行動醫療公司都在爭先恐後地想當這個中介，他們剝奪了患者個人的利益，使得大家沒有積累數據的動力。一直以來，資料是患者的重要財富，可惜買賣都不能被個人掌控，區塊鏈給了患者本人進行自主交易的權利。持續地建立真實資訊，對於和保險公司迅速達成互信快速理賠，和保險群眾募資組織進行協同健康干預非常有價值。

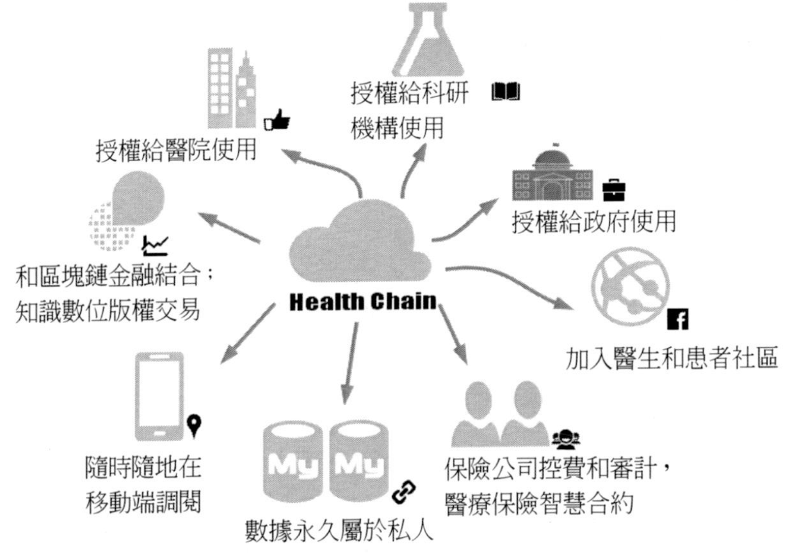

圖3-15　健康鏈

區塊鏈技術提供了一種利用去中心化和去信任方式的、集體維護一本資料簿可靠性的技術方案，其在醫療領域的應用已經不僅僅體現在技術層面。率先使用區塊鏈寫入健康資訊並不能保證其業務模式就能基業長青，按照 DAO 的發展趨勢，區塊鏈對於醫療的深遠影響在於，它的出現可以加速醫療生態的重構。醫療健康是一個宏偉巨大的市場，區塊鏈是構建醫療產業新秩序的基石。讓客户和患者重回醫療產業的中心，並且用低成本的方式構建新的組織形態來推進個人的健康，將是區塊鏈無與倫比的貢獻。

第四章 區塊鏈實踐

4.1
以太坊

以太坊[54]是一個開放的區塊鏈平台，任何人都可以在上面創建和運行去中心化的應用，這些應用包括但不限於加密貨幣。與比特幣一樣，以太坊不受任何人控制，它是由來自世界各地的開發者共同創建的開放項目。但是不同於比特幣協議，以太坊的協議更加靈活，它允許用户創建自己的操作，而不是給用户預先設置好的操作（例如比特幣發送交易）。

狹義上講，以太坊是指一套協議，該協議定義了一個去中心化的應用平台。以太坊的核心是以太坊虛擬機（EVM），它可以執行任意複雜的程式碼。按照資訊科學術語，以太坊是「圖靈完備」的，開發者可以使用友善的程式語言創建運行在 EVM 上的應用。

與任何區塊鏈一樣，以太坊也包括點對點網路協議。以太坊區塊鏈數據是由許多節點連接而成的網路進行維護和更新的。網路上的每一個節點都運行 EVM 和執行相同的指令。因此，以太坊有時候被形象地描述成一台「世界電腦」（World Computer）。在以太坊網路上的大量平行運算並沒有使運算更加高效。事實上，這一過程使得以太坊上的運算比傳統「電腦」更加緩慢和昂貴。以太坊上的每個節點都運行 EVM 是為了維護整個區塊鏈的共識。去中心化的共識給予以太坊極強的容錯能力、保證零停機，並使得儲存在區塊鏈上的數據永久不可更改。

以太坊平台是價值中立的。類似程式語言，以太坊被用於哪些領域取決於企業家和開發者。然而，以太坊並非適合所有的應用，以太坊更加適合在節點間自動地交互或者促成一組網路上協調行動的應用。例如，用於協調點對點市場的應用，或者複雜金融合約的自動化。比特幣的運行無須中介，例如，無須金融機構、銀行或者政府，就可以交換現金。以太坊的影響可能更加深遠。理論上，任意複雜的金融交互或者交易都可以利用運行在以太坊上的程式碼自動、可靠地實現。除了金融應用以外，任何需要高度信任、安全和可靠性的情況，例如資產註冊、投票、管理和物聯網，都會受到以太坊平台的巨大影響。

4.1.1 以太幣

以太幣是以太坊內置的貨幣，它被用於支付 EVM 中的運算費用。支付過程是透過用以太幣購買 Gas（燃料）間接進行的。以太幣常用的貨幣單位包括 1ether = 103、finney = 106、szabo = 1018 和 wei。Wei 為最小的貨幣單位，類似於比特幣系統中的「聰」，程式碼中貨幣的默認單位是 wei。

以太坊透過預售的方式一共募集到三萬一千五百三十一個比特幣（根據當時的比特幣價格，相當於一千八百四十三萬美元）。根據預售時的比特幣地址，可以看到每一筆資金的轉入和轉出。預售一共進行了四十二天，在前兩週一個比特幣可以買到兩千個以太幣（當時一比特幣的價格約三千五百元左右，即當時購買價一枚以太幣是 1.7 ～ 1.8 元）。之後一個比特幣能夠買到的以太幣數量隨著時間而遞減，在最後一週，一個比特幣可以買到一千三百三十七個以太幣。前兩週的以太幣收到超過兩萬五千個比特幣，出售的以太幣超過五千萬。最終售出的以太幣的數量是六千零一十萬兩千兩百一十六個。此外，0.099x（x=60102216 為發售總量）個以太幣將被分配

給 BTC 融資或其他的確定性融資成功之前參與開發的早期貢獻者，另外一個 0.099x 將分配給長期研究項目。故以太幣正式發行時數量為 60102216+ 60102216×0.099×2 ＝ 72002454 個。

以太坊初期使用 PoW 共識機制，因此每年都有新的以太幣被礦工挖出。白皮書中預計自上線時起每年都將有 0.26x，即每年有 60102216×0.26 ＝ 15626576 個以太幣被礦工挖出。事實上，現在每十五秒就會生成一個區塊，每個區塊獎勵五個以太幣，每年大約增發一千萬個以太幣。轉成 PoS 共識機制後，每年產出的以太幣將減少。預計二〇一七年轉為 PoS 共識機制，到那時新增發的以太幣數量將急劇減少，甚至可以做到不增發。

4.1.2 運行原理

以太坊吸收了許多比特幣的特性和技術，同時也引入了許多修改和創新。在以太坊中，智慧合約是第一概念。官網對以太坊的定義是：一個運行智慧合約的去中心化平台。以太坊的眾多功能就是透過智慧合約實現的，或者可以簡單地說，以太坊＝區塊鏈 + 智慧合約。

那什麼是智慧合約？從本質上講，智慧合約其實根本不「智慧」，甚至也不是「合約」。以一種陳述性的方式描述，智慧合約是運行在區塊鏈上的一段程式碼，這段程式碼會遵守預先定義的規則，根據接收到的資訊做出確定性的響應。它是運行在可複製、共享的帳本上的電腦程式，可以處理資訊，接收、儲存和發送價值。如果說區塊鏈是不可篡改的資料庫，那麼智慧合約就是運行在區塊鏈上的不可篡改的程式。

智慧合約的程式碼會被編譯成底層的字元編碼，然後被部署到區塊鏈上，並獲得一個地址。當一個交易發送到該地址，區塊鏈網路中的每一個節點都會在各自的虛擬機中運行腳本程式碼，交易附帶的數據會被視為調用參數傳遞給智慧合約。

智慧合約是事件驅動的、自治的、可重複使用的、模塊化的程式碼。在區塊鏈中會存在很多不同功能的智慧合約，並且人們可以像搭積木一樣，透過組合不同的智慧合約，來達到各種不同的目的。比如從簡單的投票功能，到差價合約，再到買入返售這樣可以模板化的標準合約，或者乾脆是一個創新的、任意的商業合約。

4.1.3 以太坊虛擬機

以太坊虛擬機（EVM）是以太坊中智慧合約的運行環境。它不僅被沙盒封裝起來，事實上它被完全隔離起來，也就是說運行在 EVM 內部的程式碼不能接觸到網路、文件系統或者其他進程。甚至智慧合約與其他智慧合約也只有有限的接觸。

比特幣的區塊鏈只是一系列交易，以太坊的基本單位是帳户（Account）。以太坊區塊鏈追蹤每個帳户的狀態，所有狀態轉換都是帳户間的價值和資訊轉移。在以太坊中有兩類帳户，外部帳户與合約帳户，它們共用同一個地址空間。外部帳户，被公鑰 - 私鑰對控制（人類控制）。合約帳户，被儲存在帳户中的程式碼控制。外部帳户的地址是由公鑰決定的，合約帳户的地址是在創建合約時確定的（這個地址是由合約創建者的地址與該地址發出過的交易數量透過運算得到的，地址發出過的交易數量也被稱作 Nonce）。合約帳户儲存了程式碼，外部帳户則沒有，除了這點以外，這兩類帳户對於 EVM 來說是一樣的。每個帳户有一個 Key-Value 形式的持久化儲存。其中 Key 和 Value 的長度都是兩百五十六位元，名字叫做 Storage。另外，每個帳户都有一個以太幣餘額（單位是 Wei），該帳户餘額可以透過向它發送帶有以太幣的交易來改變。一筆交易是一條消息，從一個帳户發送到另一個帳户（可能是相同的帳户或者零帳户）。交易可以包含二進位數據（Payload）和以太幣。如果目標帳户包含程式碼，該程式碼會被執行，Payload 就是輸入數據。如果目標帳户是零帳户（帳户地址是 0），交易將創建一個新合約。正如上文所述，這個合約地址不是零地址，而是由合約創建者的地址和該地址發出過的交易數量（Nonce）運算得到的。創建合約交易的 Payload 被當作 EVM 字元編碼執行。執行的輸出做為合約程式碼被永久儲存。這意味著，為了創建一個合約，你不需要向合約發送真正的合約程式碼，而是發送能夠返回真正程式碼的程式碼。

以太坊上的每筆交易都會被收取一定數量的 Gas，收取 Gas 的目的是用來限制執行交易所需的工作量，同時支付執行的費用。當 EVM 執行交易時，Gas 將按照特定的規則被逐漸消耗。Gas Price（Gas 的單價）是由交易創建者設置的，發送帳户需要預付的交易費用＝ Gas Price×Gas Amount；如果執行結束時還有剩餘的 Gas，這些 Gas 將被返還給發送帳户。無論執行到什麼位置，一旦 Gas 被耗盡（比如降為負值），將會觸發一個 Out-of-Gas 異常。當前調用訊框所做的所有狀態修改都將被回滾。

每個帳户有一塊持久化的記憶體區域，稱為儲存，其形式為 Key-Value，Key 和 Value 的長度均為兩百五十六位元。在合約裡，不能遍歷帳户的記憶體。相對於主存和棧（heak），對記憶體的讀操作相對來說開銷較大，而修改記憶體的開銷更大。一個合約只能對它自己的記憶體讀寫。第二個記憶體區被稱為主存。合約執行每次消息調用時，都有一塊新的、被清除過的記憶體。記憶體可以以位元組粒度尋址，但是讀寫粒度為三十二位元組（兩百五十六位元）。操作記憶體的開銷隨著記憶體的成長而變大（平方級別）。

EVM 不是基於暫存器，而是基於棧的虛擬機，因此所有的運算都在一個被稱為棧的區域中執行。在棧中，最多可以存在一千零二十四個元素，每個元素的長度為兩百五十六位元。對棧的訪問只限於在其頂端，方式為：允許複製最頂端的十六個元素中的一個到棧頂，或者是交換棧頂元素和下面十六個元素中的一個。所有其他操作都只能取最頂的兩個（或一個，或更多，取決於具體的操作）元素，並把結果壓在棧頂。當然也可以把棧上的元素放到者記憶體中。但是無法只訪問棧中指定深度的那個元素，如果要訪問指定深度的那個元素，必須要把指定深度之上的所有元素都從棧中移除才行。

EVM 的指令集被刻意保持在最小規模，目的是盡可能避免產生共識問題錯誤。所有的指令都是針對兩百五十六位元這個基本的數據類型的操作，具備常用的算術、位、邏輯和比較操作，也可以做到條件和無條件跳轉。此外，合約可以訪問當前區塊的相關屬性，比如它的編號和時間戳。

合約可以透過消息調用的方式來調用其他合約或者發送以太幣到非合約帳户。消息調用和交易非常類似，它們都有一個源、一個目標、數據負載、以太幣、Gas 和返回數據。事實上，每個交易都可以被認為是一個頂層消息調用，這個消息調用會依次產生更多的消息調用。一個合約可以決定剩餘 Gas 的分配，比如內部消息調用時使用多少 Gas，或者期望保留多少 Gas。如果在內部消息調用時發生了 Out-of-Gas 異常（或者其他異常），合約將會得到通知，一個錯誤碼被壓在棧上，這種情況只有內部消息調用的 Gas 耗盡時才會發生。在 Solidity 中，這種情況下發起調用的合約默認會觸發一個人工異常，該異常會影印出調用棧，就像之前說過的，被調用的合約（發起調用的合約也一樣）會擁有嶄新的記憶體，並能夠訪問調用的負載。調用負載被儲存在一個單獨的，被稱為 Calldata 的區域。調用執行結束後，返回數據將被存放在調用方預先分配好的一塊記憶體中。調用層數被限制為不超過一千零二十四層，因此對於更加複雜的操作，應該使用循環而不是遞歸。

存在一種被稱為 callcode 的特殊類型的消息調用。它跟消息調用幾乎完全一樣，只是加載來自目標地址的程式碼將在發起調用的合約上下文中運行。這意味著一個合約可以在運行時從另外一個地址動態加載程式碼。儲存、當前地址和餘額都指向發起調用的合約，只有程式碼是從被調用地址上獲取的，這使得 Solidity 可以實現「庫」。可復用的庫程式碼可以應用在一個合約的儲存上，可以用來實現複雜的資料結構。

在區塊層面，可以用一種特殊的、可索引的資料結構來儲存數據，這個特性被稱為日誌，Solidity 用它來實現事件。合約創建之後就無法訪問日誌數據，但是這些數據可以從區塊鏈外高效地訪問。因為部分日誌數據被儲存在布隆過濾器（Bloom Filter）中，所以可以高效並且安全地搜索日誌，對於那些沒有下載整個區塊鏈的網路節點（輕客户端），也可以找到這些日誌。

合約甚至可以透過一個特殊的指令來創建其他合約（不是簡單的向零地址發起調用）。創建合約的調用跟普通的消息調用的區別在於，負載數據執行的結果被當作程式碼，調用者 / 創建者在棧上得到新合約的地址。

只有在某個地址上的合約執行自毀操作時，合約程式碼才會從區塊鏈上移除。合約地址上剩餘的以太幣會發送給指定的目標，然後其儲存和程式碼被移除。注意，即使一個合約的程式碼不包含自毀指令，依然可以透過程式碼調用（callcode）來執行這個操作。

4.1.4 一個簡單的智慧合約

Solidity 是以太坊創造的智慧合約程式語言，語法類似 JavaScript。它被設計成以編譯的方式生成以太坊虛擬機程式碼。使用它很容易創建用於投票、群眾募資、密封投標拍賣、多重簽名錢包等類型的合約。

先從一個非常基礎的例子開始。讀者不用擔心自己對 Solidity 還一點都不瞭解，本書將逐步介紹更多的細節。

```
contract SimpleStorage {
        uint storedData;
        function set (uint x) {
           storedData = x;
        }
```

```
        function get () constant returns (uint retVal) {
    return storedData;
        }
}
```

在 Solidity 中，一個合約由一組程式碼（合約的函數）和數據（合約的狀態）組成。合約位於以太坊區塊鏈上的一個特殊地址中。Uint storedData, 這行程式碼聲明了一個狀態變量，變量名為 storedData，類型為 uint（兩百五十六位元無符號整數）。讀者可以認為它就像資料庫裡面的一個儲存單位，與管理資料庫一樣，可以透過調用函數查詢和修改它。在以太坊中，通常只有合約的擁有者才能這樣做。在這個例子中，函數 set 和 get 分別用於修改和查詢變量的值。這與很多其他語言一樣，訪問狀態變量時，不需要在前面增加 this 這樣的前綴。這個合約還無法做很多事情（受限於以太坊的基礎設施），僅允許任何一個人儲存一個數字。世界上任何一個人都可以存取這個數字，因而缺少一個（可靠的）方式來保護你發布的數字。任何人都可以調用 set 方法，設置一個不同的數字來覆蓋你發布的數字。但是你發布的數字將會留存在區塊鏈的歷史上。稍後再來學習如何增加一個存取限制，使得只有你才能修改這個數字。

接下來的合約將實現一個形式最簡單的加密貨幣。空中取幣不再是一個魔術，當然只有創建合約的人才能做這件事情（想用其他貨幣發行模式也很簡單，那隻是實現細節上的差異）。而且任何人都可以發送貨幣給其他人，不需要註冊用户名和密碼，只要有一對以太坊的公鑰和私鑰即可。對於線上 Solidity 環境來說，這不是一個好的例子。如果你使用線上 Solidity 環境來嘗試這個例子，那麼調用函數時，將無法改變 from 的地址。所以你只能扮演鑄幣者的角色，可以鑄造貨幣並發送給其他人，而無法扮演其他人的角色。這點，環境將來會做改進。

```
contract Coin {
  // 關鍵字 "public" 使變量能從合約外部訪問
  address public minter;
  mapping (address => uint) public balances;
  // 事件讓輕客户端能高效的對變化做出反應
  event Sent(address from, address to, uint amount);
  // 這個構造函數的代碼僅僅只在合約創建的時候被運行
  function Coin() {
    minter = msg.sender;
  }
  function mint(address receiver, uint amount) {
    if (msg.sender != minter) return;
    balances[receiver] += amount;
  }
  function send(address receiver, uint amount) {
    if (balances[msg.sender] < amount) return;
    balances[msg.sender] -= amount;
    balances[receiver] += amount;
    Sent(msg.sender, receiver, amount);
  }
}
```

這個合約引入了一些新的概念，讓我們一個一個地看一下。address public minter，這行程式碼聲明了一個可公開訪問的狀態變量，類型為 address。address 類型的值大小為一百六十位元，不支持任何算術操作。適用於儲存合約的地址或其他人的公鑰和私鑰。public 關鍵字會自動為其修飾的狀態變量生成訪問函數。沒有 public 關鍵字的變量將無法被其他合約訪問。另外，只有本合約內的程式碼才能寫入。自動生成的函數是：function minter （） returns （address） { return minter; }。當然，我自己增加一個這樣的訪問函數是行不通的，編譯器會報錯，指出這個函數與一個狀態變量重名。下一行程式碼 mapping （address => uint） public balances，創建了一個 public 的狀態變量（其類型更加複雜）。該類型將一些 address 映射到無符號整數。mapping

可以被認為是一個雜湊表，每一個可能的 key 對應的 value 被虛擬地初始化為全 0，這個類比不是很嚴謹，對於一個 mapping，無法獲取一個包含其所有 key 或者 value 的鏈表。所以我們得自己記著添加了哪些東西到 mapping 中。更好的方式是維護一個這樣的鏈表，或者使用其他更高級的數據類型。或者只在不受這個缺陷影響的場景中使用 mapping，就像這個例子。在這個例子中，由 public 關鍵字生成的訪問函數將會更加複雜，其程式碼大致如下：

```
function balances(address _account) returns (uint balance) {
    return balances[_account];
}
```

我們可以很方便地透過這個函數查詢某個特定帳號的餘額。event Sent（address from，address to，uint amount）這行程式碼聲明了一個「事件」。由 Send 函數的最後一行程式碼觸發。客户端（服務端應用也適用）可以以很低的開銷來監聽這些由區塊鏈觸發的事件。事件觸發時，監聽者會同時接收到 from、to、amount 這些參數值，可以方便地用於追蹤交易。為了監聽這個事件，可以使用如下的程式碼。

```
Coin.Sent().watch({}, '', function(error, result) {...})
    if (!error) {
        console.log("Coin transfer: " + result.args.
            amount +" coins were sent from " + result.
            args.from +" to " + result.args.to + ".");
        console.log("Balances now:\n" +"Sender: " +
            Coin.balances.call(result.args.from) +
            "Receiver: " + Coin.balances.call(result.
            args.to));
    }
}
```

注意在客户端中是如何調用自動生成的 balances 函數的。這裡有個比較特殊的函數 Coin，它是一個構造函數，會在合約創建的時候運行，之後就無法被調用了，它會永久地儲存合約創建者的地址。msg（以及 tx 和 block）是一個神奇的全局變量，它包含了一些可以被合約程式碼訪問的屬於區塊鏈的屬性。msg.sender 總是存放著當前函數的外部調用者的地址。

最後，真正被用户或者其他合約調用，用來完成本合約功能的函數是 mint 和 send。如果合約創建者之外的其他人調用 mint，那麼什麼都不會發生。而 send 可以被任何人（擁有一定數量的代幣）調用，發送一些幣給其他人。注意：當你透過該合約發送一些代幣到某個地址，在區塊鏈瀏覽器中查詢該地址時，將什麼也看不到，因為發送代幣導致的餘額變化只儲存在該代幣合約的數據儲存中。透過事件我們可以很容易創建一個可以追蹤你的新幣交易和餘額的「區塊鏈瀏覽器」。

4.1.5 以太坊生態

以太坊的核心價值主張可以總結為一個詞：協同效應。以 Maker[55] 為例，Maker（以太坊平台上的穩定幣項目）開始計劃集成，並和多個以太坊項目產生了協同效應，比如下面列出的一些項目。

Augur[56]（以太坊平台上的預測市場項目）。Maker 為 Augur 提供穩定的價值儲藏，Augur 為 Maker 提供用户。Maker 也可以使用他們的貨幣在 Dai 做抵押品。

Slock[57]（以太坊平台上的區塊鎖項目）。Maker 可以使用他們的產品——以太坊電腦，方便的、分散式的即插即用伺服器來運行 Maker 的守護進程。這些守護進程用來給 Maker 提供去中心化的定價和交易機器人（意味著 Dai 有更好的資金流動性），Maker 同樣可以給 Slock 提供穩定的價值儲藏和可以使用它的 DAO 幣在 Dai 做抵押品。

EtherEx[58]（以太坊平台上的去中心化交易所項目）。Maker 提供了一種穩定的價值儲藏，允許去中心化的以太幣投資交易，直接在以太坊上使用 Maker 的服務，而且 Maker 也會得到更好的資金流動性。在這個平台賺錢的同時，不需要關心 KYC 和其他用户要處理的瑣事。

Digix（以太坊平台上的黃金資產項目）。Maker 可以使用他們的黃金代幣在 Dai 做抵押品，用非加密貨幣資產來增加抵押品的多樣性。

Oraclize[59]（向區塊鏈輸入外部世界資訊）。Maker 使用他們的服務做為額外一層進行安全定價，確保系統足夠健壯，透過他們的 oracle 機制確保不易輕易被攻擊。同時，Maker 可以用提供的更安全服務的 Dai 所獲得的收益，來支付他們的服務。

由於以太坊無須許可並且是圖靈完備的，使得所有這些運行在同樣的虛擬機上，使用相同的語言和標準的項目都可以輕易地互相集成為第一公民，互相增加價值和實用性。

上面的每一個項目在 Maker 系統中都是一個乘數，會產生指數效應，而不是線性成長，因為每一個新的項目會集成其他項目。同樣的，當任一項目有更多的用户參與或者規模擴大，都會影響到其他項目，以一種或者多種方式產生正面的促進作用。另外一個巨大的優點是，所有這些項目之間的集成和協同都是直接的，它直接得益於開放的生態和以太坊高效的標準。當然，在多數情況下，在以太坊的早期階段，這些項目之間依然需要直接的合作，但是需要謹記的是這不是必須的，一旦以太坊規模擴大，這將變為一個巨大的優點。

公證通

區塊鏈允許多方在全球範圍內，以去中心化、去中介化的形式進行多種形式的交易。比如，透過數位貨幣進行即時支付和匯款，亦可執行更為複雜的金融合約，甚至將物理資產透過區塊鏈系統進行價值交換。此外，區塊鏈不僅能用於交易，還能作為用於記錄、追蹤、監測、轉移資產的巨大資料庫。

4.2.1　去中介的信任引擎

區塊鏈領域的發展之快可用雨後春筍來形容，眾多的項目在全球落地開花。比如區塊鏈技術公司 Digital Assets Holding 提供了金融機構間的大宗交易解決方案；Overstock 採用區塊鏈技術發行加密數位債券；Ethereum 發布的智慧合約系統等等。公證通 [60]（Factom）公司與眾多區塊鏈創業公司相比，更專注於數據和交易紀錄的儲存及證明，透過區塊鏈技術建立了一個無須第三方的信任引擎。

過去，人們常透過第三方的信用背書方式，來建立或增強群體之間的信任。但如今，人們越來越意識到，在互聯網的虛擬世界裡，這些強化信任的方式也存在著瑕疵，更有可能是無效的（如目前中國大量倒閉的 P2P 平台）。

此外，可以預見，在今後的數位時代將更易遭到駭客的攻擊，那會產生網路資訊安全隱患。更甚之，在現實世界中，傳統的強化信任的方式也在逐漸失效，有些過去所確信的人或事，將會變得不再那麼值得信任。

然而，信任的重要性不言而喻，它是世界上任何價值物體進行轉移、交易、儲存和支付的基礎。缺失了信任，人們將無法完成任何價值的交換。隨著人類社會越來越數位化，互聯網將由傳遞資訊、消除資訊不對稱的資訊互聯網，逐漸向傳遞價值、降低價值交換成本的價值互聯網進化。人們開始嘗試透過演算法作為補充手段，來建立交易雙方的信任關係，使得弱關係可以依靠演算法建立起堅實的連接。

透過公證通的運行機制和工作原理，可以看到，由於所有的紀錄都在區塊鏈的網路中，彼此連結可以被追溯。並且隨著時間的推移，修改區塊的內容需要巨大的算力，可以說過去的區塊幾乎不可能被篡改。同時，這些紀錄或交易行為發生的時候，並不需要透過一個值得信賴的組織和權威證明的第三方，因此這些中心化的組織被「弱」中心化了。另外，公證通作為業務場景與多個區塊鏈帳本之間的中間層，提供了一種靈活的訪問方式。上層的業務基於公證通區塊鏈引擎所提供的軟體，把驗證審查過的數據發布到區塊鏈帳本上，並可透過公證通提供的軟體進入該區塊鏈進行搜索和驗證。透過這種封裝和類似於中間件的做法，可以顯著降低上層業務連接到區塊鏈帳本的難度和成本，同時解決了數據或交易量的擴展性難題。

在如今的數字時代，服務商以用户為中心開發產品並迅速迭代。透過建立共享平台，提供免費和增值服務的商業模式被廣泛應用，解構與反中介化趨勢日益顯現，草根文化、咖啡館文化在全球迅速興起。查爾斯·達爾文（Charles Darwin）在進化論中曾經提出過「物競天擇，適者生存」。互聯網無疑是數字技術時代帶來的最大產物，它革新了世間萬物，改變了傳統的商業模式。區塊鏈技術將引發價值交換功能的變革預期，使它的革命性潛能將與互聯網不相上下，這將會影響社會的方方面面。

現在，要實現價值交換功能的變革，在區塊鏈基礎設施的整體設計原則中，區塊鏈的公證功能不僅僅只是一項服務，更應當是不斷發展的區塊鏈基礎設施的一部分。鑑證服務應當成為區塊鏈協議的一部分，比如，它能夠有效地處理大批量交易而非僅僅是單獨處理一個交易。區塊由許多數字公證資產的雜湊值構成，同時該區塊也被雜湊演算。嵌入區塊鏈的單元，透過優化的分層和去中心的組合架構將使得整個系統的運作更為有效。公證通公司正在把該想法不斷地延伸，使用區塊鏈認證雜湊功能來批量處理交易，提升區塊鏈運作的效率，同時避免產生區塊鏈過快膨脹的問題。

在實際操作中，公證通對業務環節確認後，可以根據不同業務種類的需求，由用户靈活定義寫入內容的格式，透過制定的共識規則，保證業務流程有序、完備地執行。例如，透過把簽名、擔保、法律保護以及信用證支付結合在一起的處理方式，使一環扣一環的業務數據進入到公證通的數據發布層並加以保存。公證通在供應鏈管理、物流、金融、醫療等領域，依靠區塊鏈技術的可靠執行，建立起新的信任模式。

公證通會把發布層的數據注入區塊鏈帳本。目前最大的區塊鏈帳本仍然是比特幣區塊鏈，有百萬級的用户。公證通發布層作為一個共識機制，前景巨大，使用的用户數量越多，安全性就越有保證，所體現的價值也就越大。或許有人會問，如果公證通發布層出了問題怎麼辦？為防止公證通公司自身作惡和出於更多冗餘的考慮，公證通透過將數據注入到更多的區塊鏈帳本上來解決數據永久性的問題。作為一個數據發布層，公證通可以與任意底層的區塊鏈帳本建立聯繫，協助把數據指紋注入到底層區塊鏈帳本上，透過多重冗餘來確保數據的永久性。

我們說，對商業趨勢的識別不能從對技術革新趨勢的推測中單獨割裂出來。雖然虛擬的公證服務看起來挺容易，對於某些資產的登記、註冊等應用來說，具有簡單可靠、低成本、永久性，並可以追溯等特點，然而，由於傳統的原因，人們更願意相信權威機構或人士，以知識產權的註冊，文件合約的履行為例，人們可能更願意與律師互動來處理該類事物。因此，從中可以看到，建立在演算法技術上的應用雖能節省成本，提高效率，但是在該技術趨於成熟的過程中，很有可能會面臨較大的挑戰，被社會接受的歷程也會是分階段的。區塊鏈革新雖是一個巨大的市場，但也需要更多的資源介入，並共同發展和維護其生態圈。

4.2.2 改善數據確權

在資訊時代裡，數據已經悄然滲透至每一個行業，成為重要的生產要素。對於大數據的掌握和運用，對國運興衰、企業成敗將扮演著越來越重要的角色。隨著物聯網技術的普及，將有更多數據被採集、被記錄。在數據時代，可以預見不久的將來，無論產品定價的高低，它都有可能基於大數據進行精準地銷售，這個趨勢已經在零售行業顯現效果。對數據的有效運用，正成為這個時代的大勢所趨。

大數據在生活中的運用案例更是屢見不鮮。例如，百度利用大數據成功地預測了二〇一四年巴西世界盃德國隊將獲得冠軍。百度甚至預測了該屆世界盃的淘汰賽，達到了 93.7% 的準確率 [61]。隨著電子商務的興起，越來越多的消費者在購物網站的消費紀錄、瀏覽資訊，包括停留時間，皆將形成購物網站要收集和處理的數據，以實現他們的精準行銷，迅速幫助消費者找到匹配的商品。

然而，目前在大數據應用中存在的一個較大問題是，數據的使用者和數據的擁有者存在不匹配的現象。換句話說，最需要數據的企業往往不擁有所需要的數據，然而那些擁有數據的企業卻可能沒有能力去解讀這些數據。這意味著，當數據安全性無法保障，數據價值無法衡量的情況下，數據的交換

存在一定的障礙。對於中小型企業而言，該類問題則更為突出。對於這類企業，他們只能借助於有數據收集或處理能力的政府、社交網路和其他第三方平台所提供的數據或工具，進行商業應用。

這就產生了一定的矛盾：數據擁有者與使用者被隔離開來。然而，個人資料也是個人財富的一部分，對於每個消費者，留存在互聯網和現實世界的各種行為所產生的數據都具有各自的商業價值。換句話說，這些個人資料具有個人財富屬性。但是，由於這些消費者個人資料都長期分散存放在不同商業機構的平台或系統中，相對於這些機構，任何消費者都沒有能力將這些屬於自己的數據匯聚在一起，進行自我管理和優化，實現其商業價值。相反，這些商業價值都被通訊機構、商業平台和系統用於支撐他們各自的商業模式和運作，這種行為實際上是在無償使用消費者個人的數據價值。

公證通提供的區塊鏈技術有助於改善數據確權等問題。數據資產證明可以透過區塊鏈上的雜湊和時間戳功能予以實現。所謂雜湊就是，針對任何數字內容所運行的演算法，將其運行結果根據內容壓縮而成的一串由數字、字母組成的字串，根據該字串將不能重新反向推出原來的內容。公證通的批量公證作為區塊鏈提供的驗證服務的一種方案，將是設想的區塊鏈驗證服務的第一步。透過與商業夥伴的合作，一起將散落在數字世界和現實世界中的各種數據和數據行為轉換為數據資產，這樣數據資產的擁有者便可以兌現自己的數據紅利，最終實現自己的數據價值。

物聯網不僅是當下的又一熱詞，也是行將而來的大趨勢。顧名思義，物聯網連接的不僅是人與人，同樣也是人與物，物與物。它的核心和基礎是互聯網，目標是建立一個所有設備和人都相互連接，彼此間能夠快速地分享數據和資訊的世界。比如，工廠能夠自動化分配生產線，分配閒餘資源，進而提高生產效率；冰箱可以根據住户的飲食情況自動購買食物，幫助他們補充營養需求; 等等。可以預見，不久的將來，在人們的日常生活裡，電子設備、智慧應用構成的物聯網將成為一切事物的網路。人們或許已經意識到，傳統的物聯網模式是由一個中心化的資料中心來收集已連接設備的資訊。在這種系統中，由於依賴於一個中央機構來管理所有的設備和各個節點的身份，雖然信任機制比較容易建立，但是也大大增加了該網路的維護成本，而且對於潛在數量將達到百億級的聯網設備而言，這無疑很難做到。區塊鏈技術提供了一個可以解決的方案。透過創建一個分散式的網路，提供無須信任的單個節點，使用創建共識網路的方法，來保證網路中的設備能夠彼此通訊和自知。區塊鏈技術將有助於實現物聯網模式，並極大程度地減少管理成本。

不久前各國都提出了建設智慧城市的概念。隨著城市的迅速發展，建設現代化智慧設施以適應城市的快速成長已經成為城市發展不可逆轉的歷史潮流。透過運用資訊和通訊技術手段感測、分析、整合城市運行核心繫統的各項關鍵資訊，從而對包括民生、環保、公共安全、城市服務、工商業活動在內的各種需求做出智慧響應。智慧城市的實質就是物物相連、人物相連的模式，利用先進的資訊技術，實現城市智慧式管理和運行，進而為城市中的人創造更美好的生活，促進城市的和諧和可持續發展。從世界各國家的發展來看，運用區塊鏈技術的資訊系統將有助於智慧城市設施的安全建設，提高建設過程的透明度，在明確主體責任的同時節省成本。

公證通公司與一家創新型技術服務提供商展開了合作，就共同推進區塊鏈技術和智慧城市的融合達成了戰略合作協議。公證通的產品將作為智慧城市解決方案的一部分，在數個地區推廣使用，並將技術融入到金融服務、智慧城市大數據服務中，為城市發展注入更多的、新的驅動力量。互聯網技術作為數字時代的產物，可以說互聯網已經成為了現今世界的基礎架構，為軟體定義一切鋪設的物理基層。如今有二十億人正在使用寬頻，要知道這一數字在十年之前僅僅是五千萬。可以預見，在未來的十年裡，將至少有五十億人使用智慧型手機，它將保證用户每時每刻都能存取到網路。在二〇一三年九月，思科公司就預測，到二〇二〇年將有七百五十億台設備連接到網路，到那時世界人口將是八十億，也就意味著每個人平均連接著九台設備。軟體技術的發展，程式的開放化，以及互聯網為基礎的服務，這些都意味著企業無須投資新基礎設施、培訓新的員工，就可以享用這些新技術帶來的好處。這對於創辦一個軟體公司來說將是天賜良機，甚至創辦一個全球範圍的軟體公司都將變得相對容易。公證通的成立和發展正得益於較低的設立成本，以及處於蓬勃發展的線上服務軟體市場。

所謂的軟體定義一切是指，專用硬體正在被轉化為提供服務的專用軟體和資源所替代。傳統的資訊架構和應用，例如運算、儲存和安全，在今後將基於需求而精準提供，並且是自動、即時的，更靈活和更有效。在軟體定義一切的新紀元中，雲端運算、大數據和物聯網的發展將大大加速。

回歸商業價值的本質，感情因素是選擇何種產品的一部分。試想是什麼讓你決定購買一個物品。通常來講，人們想要買新產品是希望事物更簡單，降低成本，幫助他們實現更好的營運結果。然而除了這以外，還要考慮更多的因素，如為何用户要購買我們的產品，我們提供了什麼核心價值，我們解決了什麼困難。在互聯網的新紀元，絕對不能低估口碑的影響力。

公證通作為一家創業公司，希望借助於平台，讓廣大的企業級用户體驗到簡易的、廉價的數位貨幣背後的加密技術。公證通已與微軟 Azure 和萬向雲合作，部署公證通服務的應用程式介面，並將致力於簡化檔案紀錄、業務流程紀錄及解決安全和合規問題。

互聯網金融得益於互聯網技術的發展，如今這已是家喻户曉。作為互聯網與金融的融合體，互聯網金融自出現以來，就一面對臨著資訊安全、資訊透明等問題。出於對投資者的保護，不管是監管層還是行業協會，都高度重視，並公布了相關的政策制度來促進行業的健康、規範化發展。

區塊鏈是數位貨幣的底層技術，像一個資料庫總帳本，記載所有的交易紀錄。近些年這項技術因其安全、便捷的特性逐漸得到了銀行與金融業的關注。作為一體化的系統，身份識別、資產登記、交易交換、支付結算都能一帳打通，預計它可以運用到智慧合約、證券交易、電子商務、股權群眾募資等廣泛的領域。它同樣是互聯網金融的底層技術架構，是去中心化的點對點的組織結構，站在區塊鏈上遙想互聯網金融的未來，可以說，只有它的成熟，才能帶來互聯網金融的成熟。

公證通公司與一家提供互聯網金融方案的公司達成了合作意向，也正是結合了上述行業現狀與政策的綜合產物。透過公證通提供的區塊鏈技術，該公司能逐漸取代對中心化伺服器的依賴性，所有用户的所有數據變更和交易項目都將記錄在雲端系統上，並且公開可見。用演算法提供的金融服務在被社會接受的過程中將是分階段的。但可以預計，有朝一日它必將融入世界，化為無形。相信區塊鏈技術的成功應用，將對互聯網金融行業產生不可估量的積極意義。

4.3 比特股

4.3.1 比特股的共識機制

比特股[62]（Bitshares）的最初想法可以追溯到二〇一〇年八月 Bitcointalk 上的一篇貼文，那篇貼文本來是 Gavin Anderson 和中本聰在討論比特幣腳本的問題。在八樓，一個叫 Bytemaster 的用户留言說，他看到腳本提供了可擴展性，可以使用户發行自定義資產。而且，他看起來很激動，表示很想知道實現這一功能是需要突破性的改動，還是只需要簡單「升級」一下網路。Gavin Anderson 隨後回覆說，他認為發行自定義資產不需要腳本，只需要把比特幣發給自己，然後聲明這個交易是這個資產的根交易就可以了[4]。當然，這需要客製的客户端來識別這種資產，這種方法被稱為「給比特幣染色」，這可能是「彩色幣」概念的第一次提出。Bytemaster 就是後來的以「BM」稱謂傳世的比特股的創始人 Daniel Larimer。

Daniel Larimer 顯然對彩色幣的方案並不太滿意，他在設想用區塊鏈實現更強大的金融功能，在反思比特幣的基礎上，他逐漸形成了自己的想法，其核心的訴求有三點：一是用一種更節省資源的網路維護機制來取代比特幣那

4 https://bitcointalk.org/index.php?topic=195.5;imode。

樣的挖礦機制；二是尋求提供一種價值穩定的區塊鏈貨幣；三是提供一個自由開放的去中心化金融市場。這三個訴求後來轉變成為比特股貢獻給區塊鏈行業的三個主要成果—— DPoS 共識機制、智慧貨幣以及去中心化交易所。

二〇一三年八月，比特股白皮書發布。比特股的概念受到社區，尤其是中國社區的熱烈追捧。這之後，比特股開始了開發和募資，經歷了最開始的 PTS 挖礦到後來的 AGS 籌資，再到多幣種 ICO，融資的方案發生過許多變化。在後續的開發過程中，產品方案也在不斷的爭論中經歷了重大改變。在此期間開發資金的使用情況以及 Daniel Larimer 決策的反覆無常也經常受到質疑。撇開這些不談，有一點是公認的，那就是二〇一五年十月份發布的比特股 2.0 的確是一個相當有競爭力的區塊鏈產品，它的設計和最終實現在許多方面都堪稱卓越。

每一個區塊鏈都需要一種機制來達成共識。比特幣採用了 PoW（工作量證明）的方式來決定由哪個節點產生區塊，這一方式最受人批評的地方就是浪費資源。為了改進這一狀況，後來人們提出了 PoS（權益證明）的替代方案。最早實踐這一方案的是點點幣（PPC），點點幣是構建在「證明區塊」上的，其中礦工必須滿足的目標與貨幣的銷毀天數（coin-days-destroyed）負相關。擁有點點幣的人必須選擇成為一個股權證明礦工，並且承諾將他們的一部分貨幣鎖定一段時間來保障網路安全。點點幣的創造者認為到這種形式的權益證明還不足以保障安全，所以他們依靠一個權益證明和工作量證明的混合系統來保障網路安全。

NXT 採用了更純粹的權益證明機制，NXT 的透明挖礦演算法與比特幣的工作量證明非常類似，唯一的不同是節點產生區塊的機率與其所擁有的股權正相關，而非比特幣那樣與節點所擁有的算力比例正相關。PPC 和 NXT 的 PoS 機制都做到了節能，但它們共同的問題是容易形成出塊權力的中心化，而且類似比特幣挖礦那樣的樂透系統使得出塊的速度做不到太快。

Ripple 系統採取了另外一種共識機制。與其他體系一樣，Ripple 建立了一個交易總帳以及簽署該總帳的不同節點，透過使用一套偏向於彼此達成一致的投票系統，節點間能夠就以什麼樣的順序將新交易加入達成一致。這些節點不需要防範偽造交易紀錄，因為它們總是保持同步，而當其重新連接進網路的時候，只要簡單地相信多數方就可以了。但 Ripple 的問題是其加入唯一節點列表（UNL）需要被邀請，而且出塊的節點也得不到獎勵，這使得 Ripple 的區塊鏈最終以私鏈或者聯盟鏈的形式存在。

DPoS 的設計受到了以上這幾個系統的啟發。DPoS 沒有採用樂透系統決定出塊權，而是讓持股人用投票的方式選舉出見證人（Witness），這些見證人將按一定的規則輪流出塊。出塊的節點會獲得獎勵，但交易費並不歸產生區塊的節點所有，而是被收納到系統的資金池，作為系統開發的部分資金來源。在 DPoS 機制下，股東們可以選舉出任意數量的見證人來產生區塊，每一個帳户都有選舉權，其權重是正比於股份數量的，得票最多的 N 位見證人被選中，N 的確定原則是有超過一半的票數認為 N 對於去中心化是足夠的。見證人按一定的規則輪流產生區塊，成功產生區塊時，他們會獲得獎勵；如果在輪值時間內無法產生出區塊，就由下一個見證人來產生下一個區塊，而未能完成任務的見證人不會獲得獎勵，並且有可能因為表現差而在將來落選。在確保安全的基礎上，DPoS 做到了節能、快速確認以及有效防止中心化，是一個相當出色的區塊鏈共識機制。

4.3.2 智慧貨幣

自從比特幣出現以來，人們就一直希望能夠有一種既能透過區塊鏈傳輸，價值又相對穩定的數位貨幣。實現這一需求的方法主要有兩種，一種是某個機構透過為自己在區塊鏈上發行的資產進行背書和承兌的方式來實現，典型的如 Tether 在比特幣的區塊鏈上基於 OMNI 協議發行的美元等價貨幣

USDT，這一貨幣已經被好幾家交易所接受，成為交易的基礎貨幣之一。另一種就是比特股所創造的用抵押來實現錨定的方式。錨定指的是比特資產和真實世界中對應的資產在價值上如何保持相等或相近的一種機制。比特股透過提高預測市場的準確度和效率來創建一套全新的加密資產從而錨定如美金、黃金、石油或者任何其他的法定貨幣。這些加密資產被稱之為比特資產（如比特美金、比特黃金、比特石油等）。比特美金追蹤的是真實美金相對於比特股的價值。這種追蹤機制是透過交易行為來確立的，市場上的交易者都預期著比特美金錨定真實美金，這種預期會使得他們的交易增強預期的效果。

那麼，比特股的抵押錨定是如何實現的呢？比特股系統另有兩個針對智慧資產的參數，一個叫做維持保證金比例（Maintenance Collateral Ratio, MCR），另一個叫做強制清算比例上限（Maximum Short Squeeze Ratio, MSSR）。餵價，即外盤（中心化交易所）BTS 的即時均價，這兩個參數和餵價一起，都是由見證人維護的。假設對於 CNY 來說，MCR=175%，MSSR=110%，餵價 =0.0236bitCNY/BTS，餵價是由見證人運行程式蒐集各交易所的 BTS 價格發布之後，取其中位數形成的。如果目前的餵價是 0.0236CNY/BTS，用户想要以兩倍保證金比例借入十萬 CNY，那麼需要抵押的 BTS 數量為 100000×2/0.0236 = 8474576 BTS，強制清算價 = 餵價 / MSSR，用户的強平觸發價 = 餵價 ×MCR/ 保證金比例。當價格跌到用户的強平觸發價後，就會觸發強制清算，而強制清算價提供了一個價格牆，是被強制清算的抵押品被強制賣出的最低價格。根據上述假設，如果 BTS 市場價格下跌導致餵價跌至 0.02065CNY，倉位就會被強制清算，抵押的 BTS 被強制賣出。

為了使智慧資產和錨定對象更好地錨定，比特股 2.0 中還設置了強制清算的功能。強制清算功能是指，某一智慧資產的持有者可以隨時發起清算，清算執行時會將與此智慧資產對應的抵押率最低的那部分空頭倉位平倉，強制清算發起者按照清算價格獲得抵押物 BTS。在智慧資產的參數中，有幾個是與強制清算相關的，它們分別是：強制清算延遲（發起清算到清算被執行的延遲時間）、強制清算補償（強制清算發起方向，被強制清算方進行的價格補償）、最大強制清算比例（每小時能夠進行的清算量占該智慧資產總供應量的比例）。

餵價、抵押及強制清算規則和強制清算規則一起，使得錨定成為可能，也為智慧貨幣作為一種區塊鏈上存在的、不依賴於任何機構背書的、價值穩定的貨幣的應用準備好了條件。

4.3.3 去中心化的交易所

區塊鏈不但可以使支付系統去中心化，也同樣可以使交易所去中心化。為了讓去中心化交易所的處理能力達到工業級水準，比特股開發團隊從 LMAX 交易平台借鑑了許多經驗。例如，把所有的處理過程放在記憶體，把密碼學操作與核心業務邏輯分離並把核心業務邏輯放在單獨的線程進行處理等等。最終的結果是比特股 2.0 達到了 100K TPS 的設計交易處理能力（在有足夠頻寬和儲存的前提下）。在即時測試中，比特股 2.0 輕鬆達到了 2K TPS 的交易處理能力。在比特股 2.0 發布之後，經過一段時間的適應，社區發現了比特股去中心化交易所（以下簡稱 DEX）的巨大潛力，一些小型的交易所已經把業務完全搬上了 DEX。我們可以把 DEX 看成是一個建立在區塊鏈上的「交易所雲端」，這朵「交易所雲端」提供公共的去中心化的交易撮合服務。對於完整的交易服務來說，還需要網關（各種加密貨幣的「承兌所」）/資產發行人來在 DEX 中發行資產並提供與鏈外真實資產的對接，其主要的任務是維護好錢包的安全，做好加值、提現服務。這個角色依然是基於信任的。

相比於傳統交易所，DEX 是一種「部分去信任」的交易所，這裡的下單交易撮合是由區塊鏈節點處理的，因此不需要擔心當機，也不需要擔心各種黑箱操作。當然，用户還必須信任資產發行人會對其發行的資產負責。對某些特定的交易對，例如 bitCNY/bitUSD 這樣的智慧資產之間的交易對，用户不再需要信任何第三方，這是一種完全的去中心化交易。

去中心化交易所有什麼樣的潛力呢？坦率地講，目前的 DEX 在營運方面還處在初級階段，交易量等各種指標還無法與大的、中心化的數位資產交易所相比，但是，DEX 存在著一些非常有吸引力的方面，它使得交易這件事情變得簡單了。按傳統的方式，如果要提供某種數位資產的交易條件，一家交易所需要花費不小的成本去開發交易軟體，維護網站。而現在，一家公司如果想提供類似的交易條件，只需要作為 DEX 的網關 / 資產發行人來做好錢包的維護工作，並對自己發行的資產背書並承兌就可以了。交易撮合的事情由區塊鏈處理，而且公司發行的資產可以和鏈上的其他資產自由交易。相信會有越來越多的商家不再選擇自己開交易所，而選擇做 DEX 網關。這種結構會吸引來更多的投資者和套利者，也許會引發一場交易形式的革命。

現在，諸多的傳統交易所在尋求用區塊鏈的方式來革新他們的交易系統。毫不誇張地說，由於比特股 2.0 在區塊鏈設計和交易性能方面的卓越表現，「分叉比特股 2.0 做私鏈 / 聯盟鏈」常常是這些傳統交易所在使用區塊鏈技術方案方面的第一考慮，已經有不少採用「分叉比特股 2.0」的項目在啟動。

當初，比特股被設計成了一個分布式自治組織（Decentralized Autonomous Company，DAC）。在這個公司中，所有的 BTS 持有者都是股東，而所有的見證人（witness）被視為僱員。僱員為公司提供服務並且領取薪水。理事會（committee）是比特股中由股東選舉產生的重要機構，其職責是維護各種網路參數，理事會擁有一個多重簽名的帳户，簽名的權重按得票比例分配給每個理事會成員，這個帳户被稱為創世帳户。理事會擁有更改如交易費率，區塊大小，區塊產生間隔，見證人獎勵等網路參數的特權。對理事會的提案需要在兩週內進行表決，理事們將在這段時間對提案進行投票，而股東也可以透過改變對理事們的投票來影響表決結果。到期之後，根據表決結果提案將會被自動執行。創世帳户可以進行普通帳户能夠進行的任何操作，這意味著在需要的時候可以發送資產給創世帳户，或者把創世帳户作為一個中介代理，創世帳户還可以發行資產。例如，其實「私有智慧貨幣」和「公有智慧貨幣」從技術上來講並無區別，只是後者是由創世帳户定義並維護的，而前者是由普通帳户定義並維護的。作為理事會成員的多重簽名帳户，創世帳户定義的智慧資產顯然有更靠的可信度。網路經常需要升級以增加新的功能，這樣的功能增加是透過對「預算項目」投票的方式來管理的。任何一位社區成員都可以針對某一具體的功能增加提出方案，包括技術方案與預算，如果能夠透過股東投票，那麼發起者就可以開始工作，在任務順利完成後可拿到預算資金。

比特股這樣的 DAC 能真正地高效運行還面臨著許多挑戰。從目前的情況看，見證人處理交易產生區塊沒有什麼問題，理事會對各項網路參數的管理也很有效，真正有挑戰的是預算項目這一部分。評估一個項目是否應該進行，這需要有專業知識，需要花費時間和精力。讓為數眾多的股東直接投票決定項目是否進行是一種有疑問的方法，正如一個公司應該是由董事會而不是股東大會來進行重大商業決策，股東的權力透過選舉董事而不是投票決定公司的每一個項目來體現一樣。也許比特股預算項目同樣應該透過一種「間接民主」的方式來管理才更合理，更能平衡效率與公平的矛盾。

瑞波

瑞波[63]（Ripple）是一種新型的區塊鏈技術，專注於解決分散式的支付和清算問題。傳統的區塊鏈如典型的比特幣網路，具有併發量小，確認時間長等缺陷。瑞波不僅改進了併發操作和執行速度，還支持數位資產的發行和分散式交易。透過把區塊鏈內嵌到一個全球統一的分散式市場，形成一個流動性極高的清算網路，最終達到極大降低支付成本的目的。

4.4.1 對傳統區塊鏈的改進

瑞波採用的是新型分散式總帳系統。與典型的區塊鏈不同，它採用了瑞波公司自己的共識演算法（Ripple Consensus Protocol）。達成共識並不是全體網路的每個節點都要同意，而是由一個信任列表裡的節點完成的。只要這個信任列表中的節點大部分表示同意，即可認為帳本有效。顯然，因為可信任節點的數量的減少，達成共識的速度將顯著加快。在實際中，達成共識確認的時間需要三到六秒，遠遠快於比特幣網路的十分鐘確認時間，並發量也可以達到每秒數萬筆這一數量級，遠遠高於比特幣的每秒七筆。

共識節點列表在出錯的問題上也有所不同。大部分的區塊鏈技術會隨時算出當前的狀態。當意見不一致時就會分岔。然後節點會選擇最長的鏈條繼續運算下一個塊，如圖 4-1 所示。

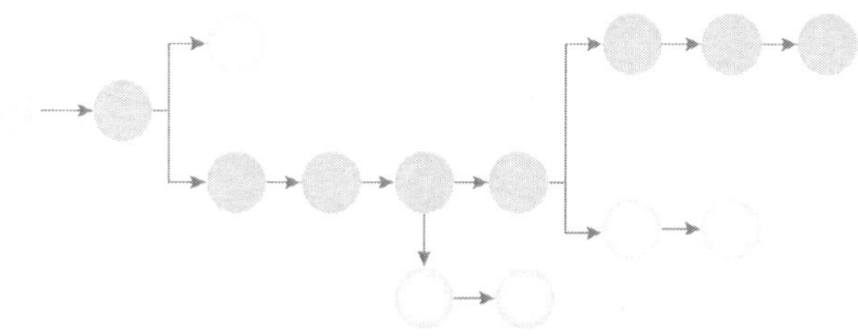

圖4-1　傳統區塊鏈

而瑞波的信任節點在更新狀態之前協商，達成一致之後再更新狀態，鏈條如圖 4-2 所示。

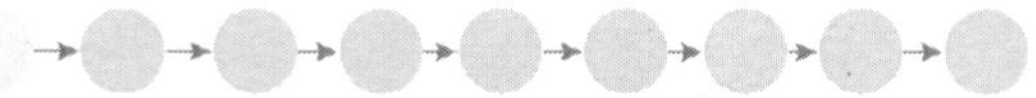

圖4-2　瑞波區塊鏈

因此，為了確保交易真正的有效，傳統區塊鏈需要延時確認。比如比特幣需要六個確認，約一小時之後才認為交易已經可靠；而瑞波只要寫入了帳本（一個確認），即認為生效。這種無延時的檢驗方式也極大方便了應用的開發。

在磁碟的需求方面，由於共識的確認由信任列表完成，所以普通的節點並不需要維護一個完整的歷史帳本。事實上，節點可以選擇同步的帳本範圍。一個節點既可以選擇同步所有的歷史帳本，也可以選擇同步最近的多個帳本。用户可以根據自己的業務需求來決定。這樣，在大部分情況下，節點無須同步全部的數據，大大節省了磁碟空間和網路流量。

傳統的區塊鏈，比如比特幣，為了防止偽造，採用了工作量證明演算法。也就是俗稱的「挖礦」。比特幣的「礦機」網路確保了系統安全，但同時也消耗了大量能源。瑞波原生貨幣為瑞波幣（XRP），數量為一千億個。由於瑞波幣無須挖礦，在瑞波網路產生時就已經產生，同時系統安全由受信任的節點列表來保證，從而減少了能耗。

因此，瑞波透過使用新的共識演算法，在速度、並發、磁碟空間需求和能耗上都得到了極大的改進。

4.4.2 瑞波貨幣

傳統的區塊鏈只有自身的原生貨幣，無法生成其他的貨幣。而瑞波除了自身的原生貨幣瑞波幣（XRP）外，還可以輕鬆地發行數位資產。

原生貨幣瑞波幣（XRP）的作用之一是充當網路運轉的潤滑劑。每次交易都會消耗一點瑞波幣作為網路費，目前約為 0.012 XRP。網路越繁忙，每次所需的網路費就越多，消耗的網路費會永久退出瑞波市場。此外，為了防止駭客生成大量的垃圾帳號，每個帳號也會凍結部分數量的瑞波幣（現在是二十瑞波幣）。截至二〇一六年三月三十一日，總量為一千億個的瑞波幣有約六百五十億個歸屬於瑞波公司，另有近兩百億個歸屬於創始人團隊。

瑞波幣在瑞波網路中還充當了重要的中介貨幣的角色。例如，兩個充滿流動性的 XRP/CNY 和 XRP/USD 市場，就可以合成為一個 USD/CNY 的市場。根據瑞波最新的營運策略，瑞波幣目前的定位是中小型網關或機構間的中介貨幣。

除了原生貨幣之外，用户可以發行自定義的數位資產。只要其他帳户添加了對網關帳户的信任線（定義了帳號對網關的某個貨幣程式碼的信用額度），那麼網關帳户就可以發行對應的貨幣資產到該帳户了。假設用户的帳户 A 和 B 添加了對網關帳號 G 的程式碼為 CNY，金額為一萬的信任。那麼 G 就可以給 A 和 B 發行相應的 CNY，每個帳號最多可發行一萬。當發行後，帳號 A 和 B 會顯示相應的金額，網關帳號 G 會顯示相應的負債金額。

除了瑞波幣，其他的貨幣都是由網關背書的信用貨幣。事實上，任何人或機構都可以在上面發行任意的資產。只要定義一個程式碼，就可以發行一種加密數字代幣。這個程式碼可以代表發行者可以想像到的任何東西。這些發行上的便利，極大地降低了參與成本，從而使得市場上的交易品種可以無限豐富。不勝枚舉的自定義資產的場景可以輕易地實現：銀行可以發行本國的貨幣；理財公司發行帶收益的產品；超市發行消費積分；明星發行演唱會的門票；個人間的借款也可以在上面發行借據；此外還有各種群眾募資的憑證，股權的交易，等等。可以說，在技術上可以低成本地發行任何東西，只需要考慮這一行為是否在當地合法即可。透過分散式交易，這些資產都可以流動。

網關實際上也是一個普通的帳號，只不過是在業務上扮演的角色不同。網關是人們信任的節點，是不同貨幣和瑞波網路之間的橋梁，資金進出網路的服務提供商，人們透過網關進行加值和提現。目前，瑞波裡的網關基本是數位貨幣交易所和非金融機構的公司或個人所開，國外最大的是 Bitstamp 網關，中國最大的是瑞狐網關。瑞波公司一直在嘗試說服銀行和其他金融機構成為網關，開發了很多相應的組件，如報價組件、連接組件，並提供相應的瑞波幣用於做市。目前瑞波正在洽談合作的銀行和機構多達三十餘家。

4.4.3 分散式交易所

不同的網關發行了形形色色的資產。瑞波提供了內嵌的交易功能，因此可以方便地用一種資產購買另一種資產，而且撮合演算法是公開的，沒有黑箱操作的空間。這些形形色色的交易對，就可以形成一張全球性的交易網，如圖 4-3 所示。

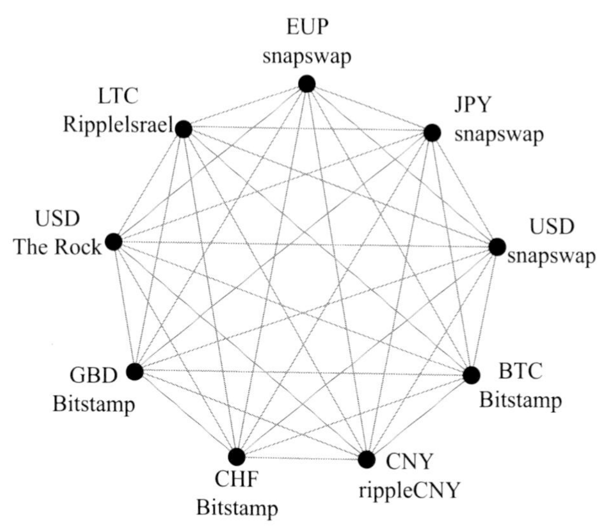

圖4-3　分散式交易所

利用這個全球統一的交易網，瑞波使用户可以在發送或兌換某個貨幣時使用該用户持有的任意貨幣。這個功能可以使用自帶的路徑查找功能。例如，小王向小李發送歐元，而他只有美金，這時，瑞波會自動提交訂單從而賣出美金，並使小李得到美金。瑞波網路會找到最佳匯率進行交易。交易可能透過以下幾個可能的方式發生。

（1）透過報價單。在瑞波報價單發現有 EUR/USD 的報價，就會按照這一匯率自動交易。

（2）透過瑞波幣作為中介。透過查找 XRP/EUR 和 XRP/USD 的報價，組合兩個報價單，最終賣出美金，得到歐元。

（3）透過轉換鏈。如果兩個貨幣間沒有明確的買賣關係。瑞波會從網路中找到可能的轉換鏈，並最終完成交易。比如 USD → JPY → BTC → XRP → EUR。

正因為這一強大的多幣種交易功能，使得瑞波可以實現任意兩種貨幣的

互換。

這個內嵌的分散式交易很安全。無論是整個網路還是單個的帳户，都有很強的安全性。分散式的網路不怕單點攻擊，單個伺服器無法使用不影響整個網路的繼續運行。對於帳户的攻擊，即使某個用户因為大意被盜取了密鑰，損失的也只是一個帳户。駭客在試圖破解一個交易所或者單個用户是存在一個固定成本的。只有收益大於成本，駭客才會攻擊。如果駭客花費數百萬美元的成本來攻擊一個特定的目標，那他肯定期望把這麼多的精力放在一個交易所而不是那些個人的帳號。

4.4.4 瑞波的合規性

瑞波的總帳是透明的。所有帳户的持倉和交易歷史都是可見的。這點對於加強監管很有幫助。對於用户身份的識別（KYC）在技術層面非常容易實現，只要在網關實行身份認證即可。

此外，資產的發行方可以設置一個信任列表，只有在這個列表裡的帳户才可以持有並交易該資產。

資產的發行方還具有凍結資產的能力。例如，針對某些從事非法行為的帳號，凍結這部分帳户中的資產，被凍結的資產將無法交易或轉移到其他帳號。限制條件是發行者只能凍結自己發行的資產，瑞波幣因為是原生貨幣，沒有發行者，所以無法凍結。

4.4.5 降低跨境支付的成本

瑞波提供了一種溝通各個孤立網路的、可靠的、即時結算的工具。跨境支付網路是分散和孤立的，帶來了很多非競爭性成本，以及漫長的結算時間和糟糕的客户體驗。跨境支付必須靠不同的消息傳遞協議和結算協議，利用各種代理銀行關係進行處理。現在，利用瑞波工具，理論上可以把這樣的網路連接起來，在減少風險的同時提高金融結算的效率，最終降低總的結算費用。瑞波的基礎架構是專門設計用於金融機構的，能夠有效適應現有的風險，並方便達到合規性和資訊安全性。

在國際支付服務中，銀行等機構負擔了龐大基礎設施成本，如表 4-1 所示。

表 4-1　國際支付服務的成本構成

國際支付服務的成本構成	占比
外匯成本	10.0%
貨幣對沖成本	12.0%
財務營運成本	27.0%
流動性成本	23.0%
支付營運成本	21.0%
巴塞爾協議III（LCR）成本	7.0%

- 外匯成本：在貨幣市場中，因為某一組貨幣的買賣報價價差而產生的成本。
- 貨幣對沖成本：世界各地的國外同業帳户中用同一貨幣避險所造成的成本。
- 帳務營運成本：為了維持帳户最低額度、管理各種貨幣、跨帳户交易所需要支付的經常性支出，以及偶爾需要在地方或國際間帳户再平衡現金所需要的支出。
- 流動性成本：資本的「空運」成本，因為涉及到國際匯款的處理（通常需花費兩天）以及將資金匯到當地的國外同業帳户所需的時間（通常是一天，但取決於當地的支付方式）。
- 支付營運成本：人工處理交易例外及偶發狀況所需要的人事成本，以及使用地方支付方式的成本。

- 巴塞爾協議III（LCR）成本：放款機構在資金空運期間因為持有低獲利、高品質流動性資產（應未定案的巴塞爾協議III規定要求），而不是提供信貸，所承擔的機會成本。

在全球統一的交易市場透過使用瑞波技術，可以將交易時間極大地縮短，理論上可以減少 33% 的成本，即約國際交易總量的 6.8 個基點，這表現在以下幾方面。

- 流動性。跨境交易所需的資本「空運」時間（兩天）將會消失，但當地的國外同業帳户的匯款處理時間（一天）依然存在。
- 支付營運。瑞波可以顯著地減少為了處理交易相關例外和錯誤而需要的人員開支，省去48%的支付營運成本。交易例外及錯誤也將極大地減少。
- 巴塞爾協議III（LCR）。當跨境交易再也不會出現資本的空運期間，相關的巴塞爾協議III支出將會減少99%。

4.4.6 瑞波的運用

瑞波經過多年的運行，在目前的公網總帳上（RCL）積累了豐富的經驗和數據，已經達到了可以穩定使用的程度。目前，已經有多家銀行和支付機構採用了瑞波技術。值得注意的是，許多使用者都是先採用私有網路，然後再透過組件與公有的總帳相連，從而實現了隱密性與技術的組合。例如，澳洲聯邦銀行 CWB 就用瑞波來進行分行間的結算；老牌金融公司 Earthport（為美國銀行、匯豐銀行等銀行機構提供服務，也幫助來自六十五個國家的公司提供支付支持服務）也採用瑞波作為新的支付系統。

瑞波的系統布署起來快速方便，只要布署五個以上的節點就可以形成一個有效的分散式清算系統，後續的開發只要以連接組件為重點即可。事實上，這也正是瑞波公司的技術方向之一。圖 4-4 所示為瑞波公司推出的 Ripple

Connect 組件示意圖。事實上，Ripple Connect 組件可以使用公網總帳 RCL 網路，也可以使用私有總帳網路，以得到更高的可控性和安全性。

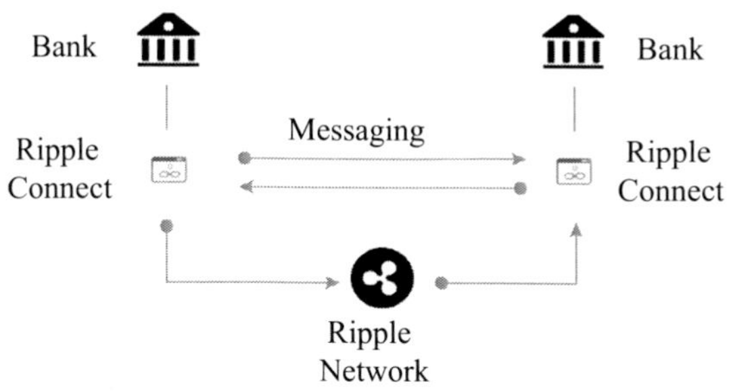

圖4-4　Ripple Connect組件示意圖

4.5 Hyperledger

超級帳本[64]（Hyperledger）是 Linux 基金會管理下的合作項目，目標是建立面向多種應用場景的分散式帳本平台的底層架構。該項目的運作基於以下幾個基本原則。

（1）模塊化應對多種使用場景。例如交易語義、合約語言、共識機制、身份標識和數據儲存。

（2）高度可用的程式碼。致力於開發非常便於構建和部署的分散式帳本技術。

（3）隨著對需求的深入理解和新的使用場景，項目能夠不斷進化。雖然項目的目標是開發單一的技術平台，但是也期望從多種技術路線中獲益。

4.5.1 Fabric 簡介

Fabric 是目前處於孵化器狀態的項目，是由 Tamas Blummer 和 Christopher Ferris 在合併了 DAH 和 IBM 建議方案的基礎上創建的。Fabric 是數字事件（交易）的帳本，這個帳本由多個參與者共享，每個參與者都在系統中擁有權益。帳本只有在所有參與者達成共識的情況下才能夠更新，並且資訊一旦記錄就永遠不能修改。每個記錄的事件都可以基於參與者的共識證明使用密碼進行驗證。

交易是安全、私有和保密的。每個參與者使用身份證明向網路成員服務（Membership Service）註冊以獲取系統的訪問權限。參與者使用不可追蹤的導出證書生成交易，可以在網路中完全匿名。交易的內容使用由密鑰導出的複雜函數進行加密，確保只有指定的參與者才能夠看到內容，以保護商業交易的機密性。

帳本的全部或者部分可以審計以滿足監管要求。在參與者合作的情況下，審計人員可以獲取有限時間的證書來查看帳本和交易詳情，從而對營運情況進行準確的評估。

Fabric 是採用區塊鏈技術實現的，比特幣可以作為一種簡單的應用在 Fabric 基礎上構建。Fabric 採用了模塊化的架構，允許不同的組件在實現協議的基礎上即插即用。可以使用強大的容器技術來運行主流程式語言以進行智慧合約的開發。使用熟悉的和已驗證的技術是 Fabric 架構的宗旨。

早期的區塊鏈技術能夠實現一些功能，但是缺乏對特定行業需求的完整支持。為了滿足現代市場的要求，Fabric 面向行業需求進行設計，以適應多種行業特定的應用場景，並且在諸如伸縮性設計等方面比這個領域的先驅更進一步。Fabric 使用了新的方法實現了授權網路、在多個區塊鏈網路上的私有性和保密性。

4.5.2 Fabric 架構

Fabric的架構由成員服務（Membership Services）、區塊鏈服務（Blockchain Services）和鏈碼服務（Chaincode Services）三個主要類別構成，如圖 4-5 所示。這些類別僅僅是 Fabric 的邏輯結構，而不是在物理上將組件劃分成不同的進程、地址空間或者虛擬機。

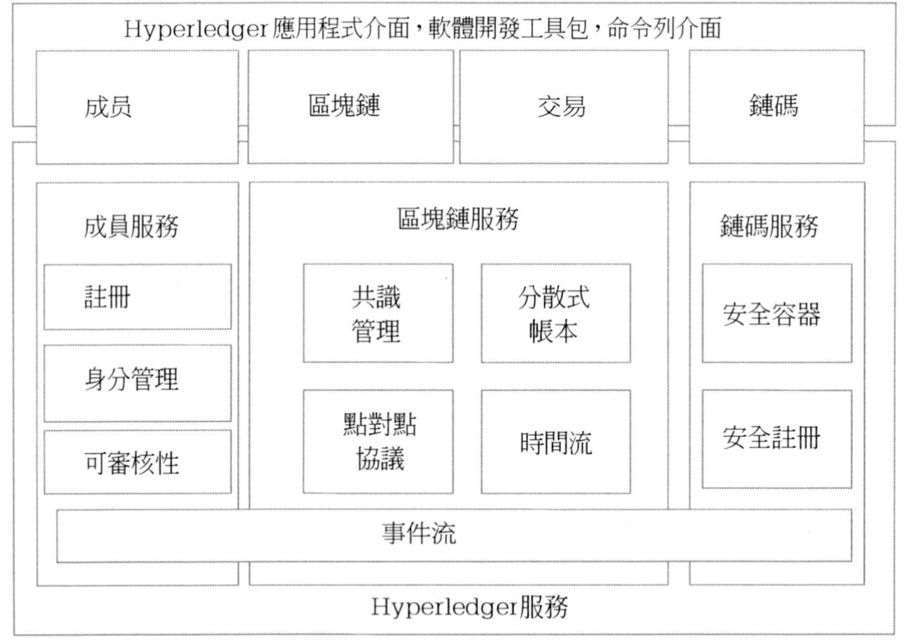

圖4-5　Fabric架構

成員服務負責管理用户標識、隱私，以及網路的保密性和可審計性。在無權限的區塊鏈中，參與者不需要授權，並且所有節點可以平等地提交交易或者將交易累積成區塊，也就是說沒有角色的區別。成員服務將公鑰基礎設施（PKI）和去中心化共識機制的基本元素進行整合，從而將無權限區塊鏈轉化為有權限區塊鏈。在有權限區塊鏈中，參與者需要註冊以獲取長期身份憑據（登記證書），並且可以根據身份類型進行區分。對於用户，交易證書管理者（TCA）可以發行假名憑據。這種憑據（即交易證書）被用來進行授權提交的交易。交易證書在區塊鏈上保存，並且允許授權的審計者對交易進行歸類，否則這些交易將無法關聯。

區塊鏈服務透過使用基於 HTTP2 的 P2P 協議來管理分散式帳本。區塊鏈上的資料結構經過了高度優化以提供最有效的雜湊演算法來保存世界狀態（world tate）的副本。在部署中可以使用和配置不同的共識演算法，包括 PBFT、Raft、PoW 和 PoS 等。

鏈碼服務為鏈碼（Chaincode）在驗證節點上的執行提供了一個安全和輕量的沙盒。沙盒環境是一個鎖定和安全容器，帶有一組經過簽名的基礎磁碟映像，包含了安全操作系統和支持 Go、Java 和 Node.js 的鏈碼語言、運行時和 SDK，其他語言可以根據需要被啟用。

驗證節點和鏈碼可以在區塊鏈網路上發送事件，應用程式可以監聽這些事件並作出響應。已經存在一組預先定義好的事件，並且鏈碼也可以生成自定義的事件。事件可以被一個或者多個事件適配器處理，適配器可以使用 WebHook 或者 Kafka 進一步將事件進行傳遞。

Fabric 的主要程式介面是 REST API，以及基於 Swagger2.0 介面的變體。這些 API 可以讓應用程式註冊用户、查詢區塊鏈以及發送交易。其中有一組給鏈碼專門設計的 API，用來與底層平台交互，以執行交易和查詢交易結果。

CLI 包括 REST　API 的一組子集來幫助開發者快速測試鏈碼和查詢交易狀態。CLI 由 Go 語言實現，並且支持多種操作系統。

4.5.3 拓撲結構

Fabric 的部署可以包括成員服務、多個驗證節點（Peer）和非驗證節點，以及一個或者多個應用。所有這些組件構成了一個區塊鏈。在網路中可以存在多個區塊鏈，每個區塊鏈都可以有自己的運行參數和安全需求。

從功能上講，非驗證節點是驗證節點的子集，也就是說每個非驗證節點上的功能也可以在驗證節點上實現，因此最簡單的區塊鏈網路可以僅由一個驗證節點構成。這種配置最適合作為開發環境。單個驗證節點可以在「編輯—編譯—調試」的週期中快速啟動。單個驗證節點不需要共識機制，因此默認的共識機制插件為 Noops。在這種情況下，交易是立即執行的，這樣開發者可以在開發過程中得到立即反饋。

用於生產環境或者測試環境的區塊鏈網路一般由多個驗證節點和非驗證節點構成。非驗證節點可以承擔一部分從驗證節點剝離的工作量，比如處理 API 請求和處理事件。

所有驗證節點構成了一個全連接的網路，即每個驗證節點都與其他的驗證節點連接。非驗證節點連接到鄰近的、允許連接的驗證節點。非驗證節點是可選的，因為應用程式可以直接與驗證節點進行通訊。

4.5.4 超級帳本的協議

Fabric 的點對點通訊是基於 gRPC 構建的，實現了基於流的雙向消息通訊。gRPC 使用了谷歌的 Protocol Buffer 對資料結構序列化以實現節點之間的資料傳輸。Protocol Buffer 是一種語言中立、平台中立，並且可擴展的資料結構序列化技術。資料結構、消息和服務都是用 proto3 語言描述的。

節點之間傳輸的消息是由 Message 這個 proto 結構封裝的，有四種不同的類型：發現（Discovery）、交易（Transaction）、同步（Synchronization）和共識（Consensus）。每種類型都可以在其內嵌的 payload 字段中定義更多的子類型。

帳本（Ledger）由區塊鏈和世界狀態（World state）這兩個部分組成。區塊鏈是一組連結起來的區塊，用來在帳本中記錄交易。世界狀態是鍵值資料庫，在鏈碼執行過程中用來儲存狀態。

區塊鏈被定義為一組連接在一起的區塊，因為每個區塊都包含鏈中前一個區塊的雜湊值。區塊中另外兩個重要的資訊是交易列表和區塊中所有交易執行完成後的世界狀態的雜湊值。節點中的世界狀態是所有已部署的鏈碼的狀態集合，實際上是鍵值對 {chaincodeID，ckey} 的集合。

第五章
走向未來之路

5.1　鏈遍江湖，鏈鏈不同
5.2　區塊鏈網路動力學
5.3　區塊鏈的自我組織
5.4　三體與區塊鏈
5.5　互聯網+走向區塊鏈+
5.6　物聯網走向物「鏈」網
5.7　構建基於信用的下一代互聯網

5.1

鏈遍江湖，鏈鏈不同

主導私有鏈取代公有鏈這一進程的主要是金融界。區塊鏈技術極其複雜，也極富爭議性，包括被德勤（Deloitte Touche Tohmatsu，為一國際性專業服務網路）認為最具顛覆性意義的區塊鏈支付應用，也被認為可能會威脅銀行的地位。因此德勤提出，各銀行間應加強合作，共同應對這個挑戰，轉向區塊鏈技術尚未深入的領域。比如第一個區塊鏈金融財團聯盟 R3 CEV，現在已有數十家金融巨頭加入，該聯盟緊密合作，正積極地推動區塊鏈在銀行界內的運用。R3 CEV 正在著手為區塊鏈技術在銀行業中的使用創建區塊鏈程式碼，制定行業標準和協議，並稱將在一年內啟動其區塊鏈項目，銀行可以透過使用這種通用共享帳本技術，大幅減少協調成本。

二〇一六年二月初，中國央行行長周小川接受《財新週刊》專訪時，也對區塊鏈表明了理性務實的開放態度。將區塊鏈技術從比特幣中分離出來後，金融界人士迫切地希望能將其運用到自身環境中，而對比特幣界所期待的去中心化、自由貨幣的烏托邦並不在乎。吳曉靈表示央行提到的數位貨幣和現在基於區塊鏈的數位貨幣不完全一樣，後者是無中心的，而央行的是有中心的，「儘管用的是同樣的資訊技術，但發行、運作的原理不一樣，這方面還有很多問題，很多工作需要我們去探討」。今年年初，英國政府發布了一份名為〈分散式帳本技術：超越區塊鏈〉的報告，提到英國政府計劃開發一個為政府管理提供服務的「中心化」的分散式帳本系統，而非「去中心化」。這意味著英國政府並未接受區塊鏈技術的去中心化。中國和英國同時在區塊鏈的中心化問題上發聲，表明央行、政府、法定貨幣等方面是不會運用去中心化的區塊鏈的。去中心化與中心化，新舊金融體系之間的博弈，這都是爭論緣起的原因。

有一個有趣的現象，國外的比特幣從業者、電腦科學家大多反對聯盟鏈和私有鏈，而金融界人士則支持的人居多。可以說兩方都是某種程度上的既得利益者，比特幣從業者在比特幣，也就是公有鏈上投注了大量心力，公有鏈向私有鏈的轉變必然會影響他們的利益；金融界人士也不希望坐視公有鏈領導的去中心化、去中介化革了銀行、交易所等的命，因此提早在區塊鏈技術上布局，希望借此新技術維持金融機構的領導地位。

除去兩派人士論戰的喧囂，業界還是存在冷靜的聲音，呼籲大家理性看待這一問題。其中的代表就是以太坊的創始人 Vitalik Buterin 和《經濟學人》雜誌，Vitalik Buterin 是以太坊的創始人。自二〇一五年七月以太坊上線以來，迅速崛起，它是基於區塊鏈技術進行智慧合約應用開啟無限可能性的代表案例。作為另類區塊鏈中的優秀改進，以太坊致力於打造一個提供超強圖靈完備腳本語言的優秀底層協議。在該協議的基礎上，用户可以創建任意的高級智慧合約、群眾募資協議、貨幣、投票、公司管理或其他去中心化應用。

儘管年紀輕輕，Vitalik Buterin 的觀點卻十分有前瞻性，他很早就看到了比特幣和基於比特幣區塊鏈改良的貨幣在實現多樣化功能上的困局，因此希望在底層布局，建立一個用於實現區塊鏈廣泛應用的協議。以太坊這一平台的建立，正是他將區塊鏈領域的資源團結整合起來的方法。在二〇一四年的最後一天，他在自己的文章〈在孤島上〉這樣寫道：「即便數位貨幣社區的人們不會全都團結起來站在『比特幣』的旗幟下，有一點還是值得爭論的，那就是我們需要以某種方式團結在一起，努力建立一個更加統一的生態系統。」

「如果比特幣不足以強大到成為一個切實可行的支柱，那我們為什麼不建立一個更好的以及更加可升級的分散式系統來替代它，並且在新的系統上重建每一樣東西？」

《紐約時報》的文章將以太幣看作一種可與比特幣匹敵的虛擬貨幣，但 Vitalik Buterin 的初衷並不是再造一個比特幣，智慧合約和對搭建私有鏈的支持才是以太坊的核心競爭力。二〇一五年八月份，他在部落格上也專門寫了對公有鏈和私有鏈的看法。不同於其他非金融界的區塊鏈圈內人，他沒有一棒把私有鏈打死，而是很客觀地透過分析需求來解釋兩種區塊鏈存在的意義。

「任何事物從任何角度分析，都是一個成本效益分析。如果用户想要專門用來執行特定功能的特定網路，那麼網路將會為此而存在，如果用户想要一個執行通用目的的高效網路，它同樣會存在。」

「金融機構對這種系統有著很大的興趣，這也導致了部分人的激烈反對，他們認為這樣的發展，是違背了去中心化的本質，這是那些守舊落伍的中間商孤注一擲的行為（或者說只是簡單地提出了一個非比特幣的錯誤應用）。然而，對那些僅僅是因為想更好的造福人類，或者只是繼續尋求為客户提供更優質服務的人們而言，公有區塊鏈和私有區塊鏈有什麼實際差別呢？」

他引用 David Johnston（去中心化應用基金會常務董事）的比喻來解釋這種共存，「區塊鏈就好像程式語言：他們彼此都有自己的特殊屬性，並且從程式語言的歷史上來看，很少有程式工程師能夠虔誠地遵循唯一一種語言。我們會具體問題具體分析，使用最適合的方法。」具體情況具體分析，因地制宜因勢利導，這是 Vitalik Buterin 的觀點。

《經濟學人》對區塊鏈的態度也不是非黑即白，二〇一五年十月底，《經濟學人》刊登了使區塊鏈技術廣為人知的封面文章《區塊鏈，信任的機器》[65]，明確將區塊鏈技術從比特幣「不好的名聲」中抽離出來，提及了多項區塊鏈在私有鏈方向的應用。

「這一創新，其承載的延伸意義已經遠遠超出了加密貨幣這個範疇。區塊鏈讓人們可以在沒有一個中央權威機構的情況下，能夠互相協作彼此建立起信心。簡單地說，它是一台創造信任的機器。」

「區塊鏈是一個貌似平凡的過程，但是有潛力改變人們和企業之間互相協作的方式。比特幣狂熱分子已被純粹的自由意志給迷住了，即數位貨幣能夠超越任何央行的這種理想。真正的創新不是數位貨幣本身，而是鑄造出它們的信任機器。」

文章中提到「在一個分散式的系統裡面，沒有信任的地方，區塊鏈就發揮作用了。」這與 Vitalik Buterin 不同需求對應不同區塊鏈類型的想法不謀而合，不拘泥於類型，而是專注於適應應用場景。

當然，《經濟學人》也不是一邊倒地打壓公有鏈（比特幣），偏向私有鏈，在二〇一六年三月份刊登的文章中，就表達了銀行界對區塊鏈技術過度狂熱的擔憂。在技術最終得到應用前，過高的期望會帶來失望。即使區塊鏈技術會深刻地改變社會，這項技術也必然需要經過時間的磨煉，需要不斷地發展，需要探尋如何和現實世界相結合。現在的區塊鏈技術，有些像早期的互聯網時代，現在來談論 Web2.0 或許為時尚早。《經濟學人》這篇文章只不過再次發出提醒，人們經常會高估技術在短期內產生的影響，而低估長期可能產生的影響。

公有鏈和私有鏈並非是非黑即白的對立關係，關鍵還是要針對特定的應用場合的需求，選擇合適類型的區塊鏈。橘生淮南則為枳，強行推崇、推行

單一的區塊鏈體系只能無功而返，因地制宜才能解決問題。

隨著區塊鏈技術的快速發展，不排除以後公有鏈和私有鏈的界限會變得比較模糊。因為每個節點都可以有較為複雜的讀寫權限，也許有部分權限的節點會向所有人開放，而部分記帳或者核心權限的節點只能向許可的節點開放，那就會不再是純粹的公有鏈或者私有鏈了。

目前對區塊鏈技術都處於初創和研究階段，儘管有來自監管者的關注和積極討論，但區塊鏈到底如何應用仍是關切者的共同疑問。若是為區塊鏈而區塊鏈，反而會因為過度設計，喪失了使用新技術的意義。

公有鏈對於一些全民參與的應用場合，例如醫療、公證、樂透等方面，有它獨特的優勢。而像投票、民調、分布式自治組織、組織等方面，則還是需要政治環境發生改變，公眾認可程度提高之後才能提上議事日程；同時在搭建公有鏈時也需要考慮到成本、可控性、實用程度等因素。

實際上，公有鏈技術實現後能惠及的人群的想法，正是公有鏈發展最大的障礙。在行業外，區塊鏈技術還不被人們所熟知，人們很難完全將信任票投給這項用來解決信任問題的技術。

不被熟知的公有鏈的競爭對手是其概念已深入人心的中介們。事實上，像房屋中介、Uber 等中介（此處稱 Uber 為中介不太恰當，可以近似地理解為一種目錄化的公司），基於互聯網的發展，已經對自身進行了全面的改造，減少了費用，提高了方便程度，並且建立了評價機制，足以滿足公眾的需求，在人們心中樹立了良好的口碑。公有鏈在這些方面就有些無可奈何。所以，公有鏈在應用上很難立刻撼動中介行業中現有的幾座大山，徹底去中介化也很難實現。

同樣，公眾對完全去中心化並不感興趣，對他們而言最重要的是便利。

以支付為例，支付寶之類的第三方支付短期內足以滿足人們的需求，也許以區塊鏈技術建立的去中心化支付機制有更好的地方，但這不足以使民眾大規模地更換支付系統。

就如同互聯網上千千萬萬個節點都是離散的，但最後人們還是需要門户網站、社交平台等中心將彼此相連一樣，這樣的觀念無所謂對或錯，只是現階段還不能接納完全的去中心化，這需要時代的變遷，社會的發展。現今區塊鏈技術的發展還將會是緩慢漸變的，由內而外的。量變引發質變，當人們逐漸改變了觀念，那時就是公有鏈時機成熟，大放異彩的時代了。

而私有鏈，由於範圍小，可以率先在較小的圈子中實驗，不需要得到全民的理解和認可，只需要參與者的認同即可。IT 界、金融界、企業界中的有識之士意識到區塊鏈技術的顛覆性意義後，便可以立即搭建私有鏈在行業中的應用。這樣，更多的應用機會也會促進公有鏈的發展。

私有鏈的靈活性也使得它在實際應用的過程中較公有鏈更有優勢。根據不同的應用場合，所需特性的不同，會需要定製化的區塊鏈服務，這樣市場中就需要有做 BaaS（區塊鏈即服務）的企業來提供個性化部署區塊鏈的解決方案。「區塊鏈即服務」，即把區塊鏈當做一個基礎設施，並在上面搭建各種滿足普通用户需求的應用。

綜上所述，我們認為今後私有鏈的發展可能會領先公有鏈一步，會更早解決自身的不足，吸納公有鏈的優點，而不同的私有鏈也會針對不同應用場景，發展出自己的特色，「鏈遍江湖，鏈鏈不同」。

5.2
區塊鏈網路動力學

馬克思說過一句名言:「蒸汽、電力和自動紡織機甚至是比巴爾貝斯、拉斯拜爾和布朗基諸位公民更危險萬分的革命家。」巴爾貝斯、拉斯拜爾和布朗基, 這三個人都是十九世紀法國著名的革命家。馬克思的意思非常明顯, 生產力的革命是一切生產關係革命的基礎。

從蒸汽動力工業革命以來, 人類社會生產力的發展進入了新紀元, 從線性發展, 躍遷到指數級發展, 尤其是進入電腦時代以來, 重大技術突破層出不窮, 技術進步的速度已經遠遠超過了人類思考技術革命所帶來的社會生產關係變化的速度。這一結果導致, 我們難以對日新月異的技術進步帶來的社會意義, 給予準確並且具備前瞻性的戰略評價。做出這種評價需要評價者兼備對於技術本身和生產關係的深入理解, 這並非易事。不過, 如果沒有能夠對技術進步本身的意義進行總結、抽象和昇華, 技術的發展必然遭遇嚴重的瓶頸。任何一場生產力革命, 都必須要有相應的社會學和經濟學理論基礎給予思想指導。這就好像, 在馬克思的科學社會主義理論誕生之前, 歐洲工人階級進行了多次建立社會主義政體的嘗試, 但全部失敗, 最著名的嘗試就是巴黎公社運動。究其原因, 缺乏成熟理論指導首當其衝。

目前, 區塊鏈技術的發展雖然剛剛步入正軌, 開始得到主流社會的重視，但是，由於區塊鏈技術前所未有的去中心化和去信任化功能，給產業界帶來了巨大震撼，區塊鏈產業革命的概念已經隱約出現。不過，縱觀目前全球的區塊鏈團隊，不論是創業團隊還是公司內部團隊，並沒有多少企業能夠從生產力革命的角度設計區塊鏈企業的發展戰略，這除了能力有限以外，主要原因還是在於目前並沒有成熟的理論，能夠從生產關係重構的角度來闡釋區塊鏈技術帶來的革命性意義。

作為一種重要的賦能技術，區塊鏈的應用場景在於互聯網，因此可以從網路動力學的角度，系統闡述區塊鏈技術帶來的社會學意義。互聯網作為人類有史以來最大規模的複雜系統，其內在規律的研究是近年來一個新興的交叉學科，網路動力學研究的就是在這個超複雜系統內，幾組基本作用力以資訊作為傳導介質，對人類組織形式和生產關係基於時間積分的動態影響，並且將各種紛繁複雜的社會現象以抽象的數學模型和普適的數學語言進行解釋和預測。

全球知名的美國理論社會學家喬納森·H. 特納在其經典著作《社會宏觀動力學》中指出，有幾組最基本的作用力決定了人類社會的組織形式，各種社會現象都是這些基本作用力互相作用的結果。這些基本作用力包括：人口規模和成長率；生產水平；生產要素和生產成果的分配總量和速率；權力的中心化程度。

除了人口規模和成長率，區塊鏈技術影響了四大社會基本作用力中的一項，徹底改變了另外兩項。區塊鏈技術透過其強制信任和點對點互動功能，徹底改變了權力集中和運作的方式，也改變了生產要素和生產成果的分配方式，並且透過對二者的顛覆，又大幅度提高了生產力水平。區塊鏈技術具備大幅度改變世界的能力，可以同電力、互聯網等技術革命相提並論。

從網路動力學角度來理解區塊鏈技術的革命性意義，可以將區塊鏈技術顛覆生產關係的過程闡釋為「解構」和「建構」的過程。

1 解構

物理第一性原理的社會學運用。大部分人聽說「物理第一性原理」還是因為 Elon Musk 創造性地將其作為思維方式用於電動汽車和儲能的商業戰略。雖然 Musk 對於「物理第一性原理」的理解並不恰當，但瑕不掩瑜。「物理第一性原理」作為量子力學的一種求解工具，的確在我們經濟生活中有著非同凡響的意義。「物理第一性原理」原來是指，根據原子核中的質子和外圍電子的互相作用的基本運動規律，運用量子力學原理，從具體要求出發，直接求解各種微觀物理現象的演算法。之所以稱之為「第一性原理」，主要是因為進行物理第一性運算的時候，除了使用電子質量、質子質量以及恆定不變的終極常數——光速，不使用其他任何的經驗參數。透過「物理第一性原理」演算法，我們不僅可以解構所有的微觀物理現象，甚至只要有足夠的算力，還可以解構和解釋所有的宏觀物理現象，比如地震、爆炸、閃電，甚至恆星的毀滅和誕生。

區塊鏈技術正是「物理第一性原理」應用於生產關係解構的最佳工具。目前，我們人類應用於生產生活的各種組織關係非常複雜，從合夥關係到公司制企業再到各種行業聯盟，從國家再到各種國際組織；同時，為了使資源在生產關係主體之間流通，並維護各主體之間關係的秩序，人類還設計了各類商業模式、制度和法律，創造了大量為了維護模式、制度和法律運行的第三方機構，比如律師事務所、會計師事務所、法院、交易所、銀行、券商、保險公司，等等。這種中心化的資源調度和權力分配製度消耗了大量生產資源，但是區塊鏈技術出現以前，這種井然有序的組織方式和規範嚴整的社會秩序是極有必要的，因為目前的組織形式是在當前生產力水平下，能夠確保信任有效傳遞的持續柏拉圖改善後的進化結果。

但是，在區塊鏈時代，傳統的社會契約形式將被顛覆。區塊鏈以點對點信任直接傳遞和強制信任化的功能，實現了生產關係的解構。其解構原理非常類似於「物理第一性原理」對宏觀物理現象的解構，任何尺度的宏觀物理現象，不管是山崩地裂，還是日月運行，都可以用最基本的質子和電子間的關係來解釋。在區塊鏈時代，任何經濟行為，不管是股票發行還是破產清算，任何組織形式，不管是創業合夥還是跨國企業，都將被區塊鏈解構，解構為最基本的人和人之間的經濟行為。

2 建構

以人為細胞的細胞自動機。當我們習以為常的中心化生產關係被區塊鏈技術以「物理第一性原理」解構之後，如何重新建構新的生產關係就變得至關重要了。在區塊鏈時代，生產關係將以「細胞自動機」模型重構。細胞自動機是由「電腦之父」馮·諾依曼作為一種平行運算的模型而提出的，其定義是：在一個由細胞組成的細胞空間上，按照一定局部規則，在時間維上演化的動力學系統。具體來說，構成細胞自動機的部件被稱為「細胞」，每個細胞都具有一個狀態，並且這個狀態屬於某個有限狀態集中的一個，例如「生」或「死」、「1」或者「0」、「黑」或「白」等。這些細胞規則地排列在被稱為「細胞空間」的空間格網上，它們各自的狀態隨著時間而變化，最重要的是，這種變化根據一個局部規則來進行更新，也就是說，一個細胞下一時刻的狀態取決於本身狀態和鄰居細胞的狀態。細胞空間內的細胞依照這樣的局部規則進行同步的狀態更新，大量細胞透過簡單的相互作用而構成動態系統地演化。這些細胞的地位是平等的，它們按規則平行地演化，而不需要中央的控制。在這種沒有中央控制的情況下，它們能夠有效的「自我組織」，因而在整體上湧現出各種各樣複雜離奇的行為。這就啟發了我們，集中控制並不是操縱系統實現某種目的的唯一手段。

細胞自動機是一種非常神奇的動力學模型。它既簡單又複雜——規則簡單，主體明確，但卻又可以演化出非常複雜的動力學系統。這種透過細胞和細胞之間點對點的關係，並且遵循一定規則互相作用的動力學模型，非常類似於在區塊鏈上的人和人之間互動的網路動力學模型。細胞自動機的四大基本元素在區塊鏈網路動力學中也能找到一一映射的對象：主體細胞與經濟活動主體（人）、邊界明確的細胞空間與邊界明確的經濟生態圈（行業生態圈或者企業生態圈）、鄰居細胞與和主體發生關係的客體（其他人）、規則與商業規則。這四大區塊鏈網路動力學要素在時間維度上的演化過程非常符合細胞自動機的演化模型。在一個邊界明確的經濟生態圈中，每個主體下一時刻的狀態，決定於主體與同他發生經濟關係的客體的狀態，並且所有主體都依據有限並且確定的商業規則進行同步的狀態更新。大量的經濟主體構成經濟群落，透過簡單的相互作用，構成動態系統的共同演化。

這種演化是中性的，也就是說，經濟生態圈可能會隨著演化而消亡，也有可能會停滯，也有可能會進化成有著更高效率、更大規模、互動更頻繁的新生態圈。根據細胞自動機模型目前的研究，細胞自動機可以分為四類。

（1）停滯型。自初始狀態開始，經過一定時間運行後，每一個細胞處於固定狀態，不隨時間的變化而變化。

（2）週期型。經過一定時間運行後，細胞空間趨於一系列週期結構，週而復始地循環。

（3）混沌型。自初始狀態開始，經過一定的時間運行後，細胞自動機表現出混沌的非週期行為，沒有確定的變化規律。

（4）複雜型。介於完全秩序與完全混沌之間，在局部會出現複雜的結構，或者說是局部的混沌，其中有些結構會不斷地傳播，形成「湧現式」運算（Emergent Computing）的演化。

這就是在區塊鏈網路動力學下的生產關係的進化模式，最有競爭力的將是第四類的複雜型細胞自動機模型。由於細胞自動機的進化只受細胞自動機的規則的影響，因此不同細胞空間之間的競爭其實就是不同細胞自動機的規則之間的競爭，其競爭的要素在於也僅在於如何設計不同主體間的互動規則。在基於細胞自動機模型的區塊鏈網路動力學模式下的企業組織將全部以DAO（Distributed Autonomous Organization）的形式存在。

為了更方便地理解以細胞自動機為模型的生產關係重構和進化，舉一個例子。P2P 信貸是互聯網金融的重要形式，但目前 P2P 信貸仍然是平台中心化模式，並非直接以點對點方式進行借貸。在應用區塊鏈技術之後，以細胞自動機模型重構 P2P 行業，則人與人之間的借貸活動直接發生，人與人之間的互動關係根據基於區塊鏈的協議得到自動執行，所有主體可以同時既是借方又是貸方，大量借貸主體之間發生的關係造成整個 P2P 信貸生態圈的進化。其進化或者退化模式既可以是橫向的，即信貸主體數量的增加或者減少、主體間信貸頻率和額度的增加或者減少；也可以是縱向的，即整個 P2P 信貸生態圈演化成更高級或者更低級的商業模式，而生態圈進化或者退化的關鍵就在於規則的設計及執行。

基於細胞自動機模型的生產關係建構同傳統的生產關係組織方式最大的區別，就在於是否存在一個以資源配置為功能的權力和信任中心來主導經濟生態圈的演化。在基於細胞自動機的模型下，一種自發的秩序仍然會在整體層面構造出來。而且，一旦這種湧現出的自發秩序複雜到一定程度以後，它又會形成一個完全嶄新的虛擬層級，這個虛擬層次的出現，又會引發一輪全新的虛擬層次中的進化。

我們總是習慣性地將複雜等同於無序，其實無序不是複雜，有序同樣也不是簡單。複雜存在於完全無序的邊緣，而且複雜性產生的基本機制恰恰是簡單的重複。複雜系統的複雜現像是主體之間簡單相互作用重複的結果，複雜系統存在簡單和複雜的對立統一。在區塊鏈時代，我們習以為常的生產關係將被「物理第一性原理」徹底解構，解構後的個體將以「細胞自動機」的

方式重新建構，並且實現生產關係的徹底進化。一個完全陌生但又激動人心的經濟新生態將出現，人和人的關係也將隨之重新定義。區塊鏈網路動力學則是這種經濟新生態的理論基礎，一切基於區塊鏈的改變和創新都可以透過區塊鏈網路動力學來闡釋和預測。

區塊鏈的自我組織

5.3.1 崩潰和無序

自然的法則總是簡單的，任何人為建造的物理世界或者精神世界，如果沒有持續的維護和支持，總會走向無序和崩潰的邊緣。乾淨的大街若沒有清潔大隊的辛勞便會髒亂不堪；高速公路若沒有每天保養便會很快破損；人際關係離開經常的互動便會逐漸疏遠。對於個體而言，如果每天不學習，則會價值觀落伍，與主流社會脫節。世間所有的人、事和物，都在選擇走向無序和混亂，甚至地球都在太陽的重力場之中，慢慢滑向太陽，走向滅亡的終點。從人的視角看，這樣的無序和崩潰是不可逆的，是不合理的，是退化的，但從自然和宇宙的視角看，這又是合乎邏輯的，是自然的進化。

熱力學第二定律揭示了其中的真相:「在自然過程中，一個孤立系統的熵總是趨於增加，除非該系統已達到了熱力學平衡態。」雖然這個定律無法在任何尺度上都能夠反映真相，但是在人類構建的物理世界和精神世界裡，它能夠揭示客觀現實的真相。

面對無序和走向崩潰的熱力學第二定律，我們需要合乎規律地設計和構建關於人和物的世界，透過事物內在的秩序讓其運轉下去，小到一套軟體系統，大到整個人類社會這樣的大系統。我們盡最大的努力去維持和推動這個系統的不斷更新和發展，避免落入崩潰的邊緣。在這個過程中，系統的進步和變化是內在結構由量變到質變的過程，而舊的系統試圖透過依賴於內部子系統之間的耦合來抑制內在的更新和迭代，以達到延長舊系統生命的目的。伴隨著不斷的內部矛盾和爭鬥，新結構不斷地產生，不斷地選擇和被選擇，最終哪一種結構能夠占優勢，取代舊結構，有著宏觀的不確定性。正如在互聯網的世界裡，新的商業模式層出不窮，軟體版本不斷升級，這樣的更新每時每刻都在發生。有一些公司、模式或軟體能夠在較長的一段時間裡保持生命力，其背後的動因，是貼近了市場的需求，貼近了人性。

瞭解了無序和崩潰的自然之道，讓我們可以從一個新的視角去看清區塊鏈，看清區塊鏈的未來演化之道。

5.3.2 自我組織

人造的物理世界和精神世界的混亂（熵）是在無情地朝著它的極大值成長，直至走向最大值——奔潰或死寂的那一刻。在不違反熱力學第二定律的前提下，薛丁格的負熵流給了我們一種解決之道，透過為系統引入負熵流，減少混亂和無序的狀態，即減少總的熵，使系統達到新的有序狀態。

在事物自我進化的過程中，有一種開放系統能夠和外部環境交換能量、資訊和物質，自發地形成結構的方式，稱之為自我組織。在這樣的自我組織中，越是自由，就越有序。正如比希里歇爾（Christof K.Biebracher）等對於「自我組織」的觀點:「自然界中的組織不應也不能透過中央管理得以維持，秩序只有透過自我組織才能維持。自我組織系統能夠適應普遍的環境，即系統以熱力學響應對環境的變化作出反應，此種響應使系統變得異常地柔韌且健壯，以抗衡外部的擾動。」

自我組織不僅是自然界有效的組織方式，也適用於企業的組織。管理大師德魯克指出:「組織不良是最常見的病症，也就是最嚴重的病症，便是管理層次太多，組織結構的一項基本原則是，盡量減少管理層次以形成一條最短的指揮鏈」。隨著互聯網時代的到來，不再是生產驅動消費（B2C）的工業化時代，而是用户驅動生產（C2B）的需求化時代。只有當企業所提供的產品和服務能滿足用户的需求時，企業才能長久不衰。這必然要求企業組織變得更加扁平化，更加柔韌，且能迅速適應環境的變化。而用户需求則是一種負熵流，將推動企業自身的不斷進化，從一個有序狀態到另一個有序狀態。

區塊鏈思想，正是一種去中心化的自我組織的思想，它代表了一種方向，而這種方向最終是否成為歷史的選擇，則要看區塊鏈本身的發展。因為區塊鏈技術本身也在不斷地在崩潰和有序之間爭鬥，其目的是為人服務，為人性服務。人的需求，組織的需求和社會需求一起推動著區塊鏈技術的演進節奏和方向。

5.3.3 節點變遷

正是過去以人為節點的孤立系統到現在相對開放的系統的演變，逐漸推動著人類社會文明的不斷進步。同樣，資訊技術從過去的 PC 時代，到 PC 互聯網時代，再到行動互聯網時代，也是一個從孤立到開放的演進過程。在這個時代，人成為複雜社會網路的一個節點。隨著虛擬現實的普及，未來會產生多個異構的虛擬世界，多個異構世界之間也可能會有連接，節點開始變遷，以「我」為個體的節點，衍生出多個「我」。

從節點的變遷來看，線上虛擬世界和線下物理世界的界限開始變得模糊。隨著虛擬現實技術與物聯網的應用和普及，人類社會正在進行著一場大融合，即人類不斷開拓的線上世界和線下物理世界的融合。虛擬資源和實體資源開始向雲端轉移，可以按需獲取，我們並不占用資源本身，卻在消耗其價值。人成為雲端的一部分，技術產品成為人類器官的延伸，從而使各種雲

端的能力和資源成為我們人類能力的延伸。

無論虛擬世界和物理世界的融合進展到什麼階段，一切還是以人的需求為「節點」。即使物聯網和人工智慧普及後，一切物理世界和虛擬世界的資源還是為人服務的。因此，由區塊鏈技術構建的去中心化的可信互聯網需要為上層的自我組織服務，如果脫離具體業務和需求去孤立地看待技術本身，容易走入歧路。

5.3.4　自我組織的基礎支撐

在系統從孤立到開放，從孤島式的 PC 軟體服務到開放式的平台軟體服務模式的進化過程中，透過規模化使服務和產品的邊際成本降低，讓更多的用户能夠低成本的使用。但是隨著網路的進一步擴展，開始延伸到物聯網，最終到萬物互聯時代，由中心化帶來的效率、成本以及信任危機等問題將會日益明顯。

在前文提到，系統的進化需要引入負熵流，系統越是開放，越是容易引入負熵流，讓系統更具有生命力。那麼這裡會存在一個悖論，即開放的系統本身，從某個層面上看，它又會形成一個中心化，只不過中心化在形式上開始下沈，成為底層協議支撐的一部分。比如，各類雲端平台服務，在雲端平台上能夠建立各類面向業務的應用，平台越是開放，資源越多，那麼應用也越多，而平台本身又是一種中心化，只不過開始底層化了。上層的應用卻是去中心化的，自我組織的，所以更具備生命力，這是互聯網時代軟體服務模式的必然結構。

區塊鏈技術作為一種底層協議，無非是對兩種關係的映射，一種是線上業務的映射，一種是線下業務的映射，最終都是反映客觀現實。就區塊鏈技術本身而言，需要紮根到現實的土壤裡，猶如大樹紮根在肥沃的大地裡，從大地裡吸收所需的各種養分，並和大地成為有機的整體，這樣才能茁壯成長。例如，微信實現了一種自我組織的底層平台，微信上構建的是我們每個人自己的生活，人際關係，而這個關係並不是騰訊公司為我們帶來的，而是我們為微信引入了這些「負熵流」，這是微信能夠成功的要素之一。對於微信本身，也需要貼近和洞察這些「負熵流」的玄機，密切去跟進迭代演化產品自身。對於騰訊公司或微信產品本身、它們是中心化的，中心化也是必須的。所以，這又給了我們一種啟示，去中心化未必是完全的不要中心化。

技術是一種活物，我們在看待區塊鏈技術本身的時候，不能局限於當下的技術細節和實現機理，而應該把視野放大到系統的整體中看未來的方向，這個大系統就是把區塊鏈技術納入其中，作為自身有機整體的一部分。

任何事物，包括軟體產品、技術和平台等，要能夠長久地持續下去，都需要我們去維護和更新它們，有時候甚至需要用更好的產品直接去替換它們。平衡意味著死亡，因為自身內在無法驅動它們去做更好的自己，必然會走向衰敗的邊緣。新技術不斷出現，老技術的衰亡，世間萬物也都遵循著同樣的機理。

因此，構建可以自我維生，並且能夠持續進化的區塊鏈技術，必須是開放的系統。孤立的系統和封閉的系統無法產生演進的動力源。開放含義中最重要的一點是需要去承載業務，消化吸收客户的需求。

5.3.5 區塊鏈的未來

任何技術都有正反兩面，正是內在矛盾和外在矛盾一起驅使著新技術的不斷演化。技術最終都是圍繞著人性服務的，站在人性的角度，我們其實可以放下區塊鏈技術本身，不管是怎樣的技術，關鍵是要能夠解決人的訴求，組織的訴求，社會的訴求。我們希望能夠自我組織，能夠降低信用的成本甚至去信用。這樣的基本訴求會推動區塊鏈技術內部新結構的誕生，而新結構的誕生又是宏觀上不確定的，所以區塊鏈技術的未來會以怎樣的形態出現在大家眼前並不重要，重要的是未來會有一種技術能夠解決自我組織、去信用等問題。[66]

三體與區塊鏈

馬雲曾經說過:「很多人還沒搞清楚什麼是 PC 互聯網,行動互聯網來了,我們還沒搞清楚行動互聯的時候,大數據時代又來了。」現在,我們是否可以在後面加上一句:「人們還沒搞清楚大數據是什麼,區塊鏈又來了」?威廉·吉布森曾說過:「未來已經發生,只是尚未流行。」相信區塊鏈技術能夠引領未來五到十年的電腦和互聯網領域的發展,我們已隱約能聽見不遠的未來,由區塊鏈技術掀起的革命的滾滾風雷。

既然如此,我們何不暢想一下更遙遠的未來,放開想像,站在科幻的角度,暢想區塊鏈技術將來的應用。

現在很多人都把區塊鏈視作解決信任問題的優秀機制,《經濟學人》的文章標題已把區塊鏈稱為「信任的機器」。的確,基於區塊鏈的各種特性,能夠很好地建立信任,但除此之外,我們也可以把區塊鏈視作一種大規模的協作工具。透過這個協作工具,可以讓很多原來想像不到的東西變成可能。

最簡單的例子,區塊鏈在金融領域的運用,可以使銀行結算、財務審計以及跨境支付等各個方面變得方便快捷,強化了金融領域的協作能力。因此,各大金融機構都在布局區塊鏈,加緊研究區塊鏈技術在金融領域的應用。還有其他很多領域,比如物聯網、去中心化社區等,區塊鏈技術在這些領域的嘗試，也都是為了提高人與人之間的協作能力。

讓我們把眼光再放長遠點，透過獎勵回饋機制和智慧合約等功能，區塊鏈技術還能夠為科學研究提供一個前所未有的全球化協作社區。

現在有許多科學研究項目，都採用了一種「@home 項目」模式，在這些項目中，個人電腦用户可以貢獻出空閒的處理器能力，幫助解決科學問題。個人電腦幾乎從未使用過它們的全部能力，分散式運算就是利用這一空閒能力，將大型任務劃分為較小的任務，並透過互聯網分發給通常空閒的電腦來處理。大量電腦的同時參與，處理能力可以超過最強的平行超級電腦。這其中著名的項目有 SETI@home（在家搜尋地外文明）、Einstein@Home（愛因斯坦在你家，證明重力波的存在）。這兩個項目的主機平台都是柏客萊開放式網路運算平台（BOINC），也是目前主流的分散式運算平台之一。

我們都知道比特幣具有挖礦機制，可以對最先運算出特定雜湊值的節點獎勵比特幣，這就是一種很好的獎勵回饋機制。智慧合約，則是一種用電腦語言取代法律語言去記錄條款的合約。簡單來說，就是可以使貨幣程式化，只有達成某種條件，才能轉移或使用。這兩個機制，都可以促進大眾參與科學研究。解決問題，獲得獎勵。

運用區塊鏈技術，研究者不但能把龐大的算力集合在一起，而且能將各種其他所需要的資源進行合理的調配與協作，並且透過事先設定好的規則，對參與到整個協作系統中的人、機構甚至設備進行獎勵，來促進資源更加合理的分配，並且吸引更多的資源參與到這個系統中。

我們再把思維發散，如果運用區塊鏈技術可以整合全人類閒置的算力和資源，那麼能不能運用區塊鏈，將多數人的思維與智慧整合，把集體決策提高到更高水平呢？從這裡開始，才是真正的異想天開。

這個想法，是受清華大學的韓鋒博士的啟發。他在二〇一六年一月的演講「雲端決策 CloudMind：區塊鏈能讓地球人變成三體人嗎？」中提到，運用區塊鏈的分散式公正系統，加上人機介面等技術，人類能夠像科幻小說《三體》中三體人那樣，擁有透明、公正的決策系統——雲端決策（小說中三體人不會欺騙，科技高度發達）。他的想法非常新穎，著眼未來，若能實現一定會帶來人類文明巨大的進步，有興趣的讀者可以找來看看。

在此基礎上，筆者也進行了更深入的思考，對韓鋒博士的想法產生了兩個問題：是否有必要？如此優化後會有什麼影響？

第一個，問題必要性的關鍵在於效率。如果有其他簡單方法能達成同樣的效果，是否仍需要用如此複雜的方法來實現？演講中提到的人機介面距離我們還很遠，其實只需使用區塊鏈技術即可。例如今年，德克薩斯州自由黨就使用了區塊鏈技術儲存競選結果，讓投票更加公開透明，這就實現了透明、公正的集體決策。

第二個問題在於影響。如果真正變成三體人那樣完全透明公正，會發生什麼？無意判斷好壞優劣，但如果真正實現，有些事情是可以預見的：完全透明帶來的結果是隱私的完全公開，個人的思考不再獨立，會受到外界的影響和制約。這會對人類的創造力，思想文化的多樣性、獨特性帶來衝擊。另外，如果成功實現全人類統一決策，人類這一群體很有可能演變成類似蟻群、蜂群的形式，高度分工的集權制度。

提到蜂群，不得不提到互聯網著名的「預言帝」凱文·凱利（簡稱KK）。KK 本人強烈支持去中心化、分散式思維、分散式管理以及平行的分散式系統，在他的經典著作《失控》的各種預言中可見一斑。KK 在《失控》中提到過蜂群思維、群集意識。他自己養過蜜蜂，蜂群在一起的時候，有很多單個蜜蜂沒有的行為。例如，每隻蜜蜂的壽命只有六個星期，但蜂巢的集體記憶則長得多；工蜂透過舞蹈向蜂群報告偵查結果，表明某個地方很好，吸引更多的工蜂前去偵查，漸漸以滾雪球的方式，形成了大的群舞，決定了蜂群的去向。

透過蜂群的案例，KK 闡述了蜂群思維：蜂群個體所擁有的意識是有限的，所傳遞的資訊是簡單的，但結群之後湧現出的智慧則遠超出個體的極限，這不是一個 2+2 ＞ 4 的結果，而是一個 2+2 ＝蘋果的超越。進化傾向於數量的增加，透過量變帶來質變，眾愚成智，智慧從群體中「湧現」。

蜂群的分散式思維帶來了集體智慧：單一個體所做出的決策往往會比多數的決策來得不精準，集體智慧是一種共享的或者群體的智慧，以及集結眾人的意見進而轉化為決策的一種過程。這樣的決策機制與我們想要實現的不謀而合，我們可以試著探討，透過區塊鏈，實現將人類思維、情感相連，發展更深層群集意識、集體智慧的可能性。

其實，關於實現更高層次的群集意識，人人心靈互相連接的場景，有比《三體》、蜂群更好的科幻描述——遊戲「星際爭霸」。

玩過星際爭霸的朋友應該對星靈（神族）背後長長的辮子有印象，這不是裝飾用的，而是神族的一個器官——「神經索」。

神族的文明是在卡拉（Khala）的基礎上建立的，卡拉是將神族的思想以及情感連接在一起的神祕且神聖的能量場。神族的聖堂武士們都保持著與卡拉的聯繫，而聯繫的介質正是他們背後那條長長的辮子——神經索。透過卡拉，神族人民彼此可以共享思維，心靈感應，瞬間交流思想和情緒，並能夠將其上傳。

此外，對於神族這樣一個古老的高等文明種族來說，他們發達的科技離不開長久以來對知識的保存與管理，甚至是共享。而卡拉很好地造成了神族文明的圖書館以及學院的作用，使得為數不多的神族人民可以團結強大。這個圖書館中還存在一個神祕的職業「保存者」，當每一個連接到卡拉的神族人民死去，保存者都能收集起他們的所有記憶。在需要回顧過去時，保存者能夠調取每一段歷史中親歷者的記憶，以保證完整詳實地還原歷史紀錄。當然，嚴格來說，就算是歷史的親歷者，也不可能對自己經歷的事件的所有真相瞭解得面面俱到。但保存者們會調取多個親歷者的記憶以求獲得最全面的資料。

卡拉作為神族的心靈網路，構建了可以廣泛思維同步、情感共享、儲存查閱的系統。似乎以我們現在的科技，實現毫無可能，但其實科幻對於歷史來說，真的是太幼稚了，假以時日人類完全可能實現這樣的場景。若能實現，我們可以試圖打造一個傳遞、儲存情感與記憶的區塊鏈，建立全人類文明的史記，並透過各類記憶的交叉比對，重組大數據以構建新的集體智慧。

乍看區塊鏈與卡拉毫無關聯，但細細思考，區塊鏈的性質和卡拉的特點是有很多相同之處的。我們首先列出區塊鏈的幾大特點：去中心化、去中介化、不可篡改、可追溯性、安全性等，另外私有鏈還包含了權限控制等特點。接下來我們看看每個特點與星際爭霸中科幻想像點的對應：

（1）去中心化。擁有思維、情感、記憶和經驗的是每個離散的人。想要形成大範圍的思想、情感上的互動交流，必須要以去中心化或是多中心化的模式來組織。因為，交互是時刻發生在所有獨立的個人間的，並且傳遞的內容是情感和思維，像 LINE 那樣用中心化的企業管理運行，肯定會不堪重負，而去中心化的區塊鏈，則可以同步處理大量點對點的交互。在傳統的中心化網路中，對一個中心節點實行有效攻擊即可破壞整個系統，而在一個去中心化的，例如區塊鏈的網路中，攻擊單個節點無法控制或破壞整個網路，掌握網路 51% 的節點只是獲得控制權的開始而已。另外，每個人的記憶不可能用中心化的資料庫儲存，必然是用分散式資料庫儲存，並透過區塊鏈的形式組織起來。

（2）去中介化。若能實現卡拉的效果，整個人類基本上是共享記憶了，到那時，思維、感情的傳遞顯然不再需要借助社交網路、新聞媒體等中介的傳輸。點對點的心靈互動借助區塊鏈技術已成為可能。

(3) 不可篡改。關於歷史的客觀性，可以說：「歷史由勝利者書寫」。歷史事件是客觀的，但對歷史的紀錄卻是主觀的，任何歷史敘述都帶有意識形態影響的痕跡，並且很容易受到篡改和刪除的影響。而區塊鏈具有不可篡改性，區塊鏈採取單向雜湊演算法，同時每個新產生的區塊嚴格按照時間的線性順序推進，時間的不可逆性導致任何試圖入侵篡改區塊鏈內數據資訊的行為很容易被追溯到，導致被其他節點所排斥，從而限制了相關不法行為的產生和施行。記憶的儲存記錄在區塊鏈上，避免了某些人因政治、利益等因素刻意抹黑、抹殺某段歷史。這樣，在回顧某段歷史時不會因為資料的篡改和刪除而被曲解。

(4) 可追溯性。對大量上傳記憶的管理，除了防止丟失和篡改，還要能方便地實現回溯查找。而區塊鏈是基於時間戳形成的資料庫。區塊（完整歷史）與鏈（完整驗證）相加便形成了時間戳（可追溯完整歷史）。時間戳儲存了網路中所執行的所有交易歷史，可為每一筆數據提供檢索和查找功能，並可借助區塊鏈結構追本溯源，逐筆驗證。區塊鏈的可追溯性可以幫助查找過去經歷、記憶的人，方便地找到所需的內容，便於檢索、學習，可以運用到歷史研究，技能經驗傳授，案件偵破等方面。

(5) 私有鏈的權限控制。不是所有人都需要獲得查找過去記憶的權限。在星際爭霸的設定中，只有保存者可以完整地儲存、讀取所有的知識。此外，卡拉並不是完全無隱私的共享，上傳者可以做到選擇性地共享資訊。

私有鏈相較於公有鏈，寫入權限僅在一個組織手裡，讀取權限可能被限制。運用私有鏈，可以將允許訪問的節點連接起來，對記憶區塊鏈的使用賦予權限並進行監控，透過權限控制來降低風險。

出乎意料吧！區塊鏈竟然能很大程度上與星際爭霸中幻想的卡拉的特點對應。我想這是由區塊鏈的特性決定的。在本篇的開頭就提到，區塊鏈可以被視作一種大規模的協作工具，即使是再天馬行空的協作構想，人類的思想融為一體，區塊鏈也有它的用武之地。

透過區塊鏈實現的記憶重構，「萬能圖書館」是否有意義呢？ KK 在他的新書《必然》中給出了新的預言。他提到了兩個詞：屏讀和重混。

關於屏讀，KK 設想了一種萬能圖書館，人類有史以來的所有作品都被數位化，儲存在一個 50PB 的硬碟上，我們可以以屏讀的方式閱讀它們。由於超連結和標籤，對萬能圖書館進行屏讀變得可能，威力強大。一旦加入超連結，文本之間不再獨立，我們可以在書籍間根據索引、超連結自由地跳轉。

再進一步設想，當內容無限多後，篩選變得更有價值，我們可以透過組建特殊主題的推薦組合形成新的權威。因為互聯與流動性，長尾部分的作品也將提升自己的受眾數量。

另外，當屏讀與其他高科技相結合時，還能釋放出更強大的能量。比如，當你透過可穿戴設備進行屏讀，置身之處可以看見關於此地的以任何書中、語言、時間寫下的任何事情，你會與萬能書籍產生強烈的互動。完全可以想像，未來屏讀會充斥在我們生活的各個空間，我們與身邊的一切看似冰冷的事物將會產生和諧的互動。

關於重混，KK 談到：新產物不一定源於新資源的發現，有可能是舊有事物的重混。重混創造帶來的蜂巢思維產物，可以提供各個角度細節，我們可以因而重混出完整版的場景。

媒介中正在發生的「可檢索性」和「可回放性」變革，使得我們可以返回、體味、分享、重混創造。對已有版權素材的利用不一定完全適應現有的知識產權法律，但毋庸置疑，重組才是創新和財富的唯一動力源泉。

再回過頭去看前文對用區塊鏈實現卡拉的想像，似乎不再那麼遙不可及了。

異想天開，說了很多，肯定有人覺得這是癡人說夢，但筆者相信區塊鏈的未來。送給質疑者兩位名人的話，也望與諸君共勉：

「現實的世界是有限度的，想像的世界是無涯的。」

——盧梭

「想像就是深度。沒有一種精神機能比想像更能自我深化、更能深入對象，想像是偉大的潛水者。科學到了最後階段，便遇上了想像。」

——雨果

互聯網 + 走向區塊鏈 +

互聯網早期的先驅者無論如何都無法想像這項技術給今天人們生活帶來的巨大變化，互聯網已經不僅僅是位元傳輸的電子媒介，而是將各行各業完全連接在一起的，巨大的生活和工作的網路。就像我們今天看到的，透過互聯網人們不僅能夠查閱資料、獲取資訊，而且可以使用線上的電子商城購物，一個滑鼠點擊動作就能夠讓貨物透過快遞到買家家中。不僅如此，透過將智慧型手機與互聯網技術相結合，催生了被稱為行動互聯網的新形態，更加豐富了互聯網的內涵。使用行動互聯網的用户，可以透過手機叫外送，也可以呼叫 UBER 前往目的地，甚至可以將家中空閒的房間出租給互聯網上的陌生遊客。

這就是人們今天稱之為互聯網 + 的東西，把互聯網作為基礎的技術平台，將人、資訊和資源全方位地融合在一起，為各種新的商業模式提供了無限的可能。在當前大眾創業、萬眾創新的時代背景下，無數的提供互聯網 + 服務的商業形態如雨後春筍般進入人們的視野。只要有一個好的想法，快速地結合資本和技術就能夠孵化出一個創業企業，不禁使人感嘆現在的互聯網 + 創業的熱情已經完全顛覆了人們的想像。經過這幾年的高速發展，互聯網 + 各個行業的商業模式已經得到了全方位的研究、探索和嘗試，比較容易產生商業價值的模式絕大多數都已經進行了驗證，同時也發現了不少的問題和難點。

就像互聯網技術本身，互聯網 + 是一個完全開放的生態，允許任何人參與其中，提供服務和商品，進行交易和支付。但是，在開放的互聯網上缺乏足夠的信任，特別是在人們需要完成重要的商業活動和價值轉移的時候。例如，現在要在線上消費購物，很多網站都要求用户使用手機號碼獲取驗證碼的方式進行身份識別，而事實已經證明這種透過手機進行驗證的方式具有很大的安全漏洞，並且已經對用户的財產造成了損害。在這樣的背景下，區塊鏈技術恰好能夠解決這些困擾當前互聯網 + 發展的瓶頸問題。

5.5.1 可信交易杜絕消費欺詐

區塊鏈技術作為一種加密通訊和儲存的媒介，可以有效識別交易方的資產狀況，並進行可靠的交易紀錄。透過網路進行支付，不再需要借助第三方的認證（比如使用電子郵件或者手機簡訊獲取驗證碼），能夠安全可靠地進行授權支付。使用區塊鏈技術進行 O2O 的交易，可以防止單一後台被操縱而進行的銷量造假問題，所有的交易紀錄都真實可信，避免了消費者上當受騙的可能性。

對於虛擬商品的交易，現有的電商生態無法有效解決欺詐的問題，因為虛擬商品的交割是無法直接、可靠地完成的。比如網路上很多銷售遊戲虛擬道具的店舖，很可能在收到消費者支付的現金後無法提供約定的虛擬商品。遊戲道具的交割透過遊戲內交易或者連帶帳號交易都可能帶來欺詐的隱患，因此作為買家需要特別謹慎地識別潛在的風險，這就造成虛擬商品的交易不可能大規模發展以支撐起一個全新的產業。利用區塊鏈技術發行數位資產，則可以使交易的信用風險降到最小，並且結合智慧合約技術催生出不同的業務模式，比如虛擬資產的抵押貸款和套利交易等。

同時，區塊鏈技術也可以作為消費評價的有效機制，為服務提供商建立誠信檔案。現在不少互聯網服務平台都提供了用户評分機制，消費者可以根據商品和服務的品質給商家進行打分，以幫助商家改進服務，並且幫助後續的消費者有效分辨出商家的品質。但是，由於目前這種評價機制都是由平台完全控制的，在實際運作過程中存在不夠公開透明的問題，可能會有商家透過非法手段篡改評價結果的可能性，影響消費者做出正確判斷。區塊鏈技術能夠提供可信的和公開的儲存紀錄，只要是用户提交的評價就會一直在區塊鏈中存在，不存在被篡改和隱藏的可能性。同時，進行評價的用户也需要提供自身的數位簽章，可以比較容易地驗證是否有虛假評價和惡意評價的存在，防止銷量造假欺騙交易的可能。

5.5.2 去中心化避免壟斷獲利

在互聯網 + 日益繁榮的今天，很多商業模式在起步階段都要投入巨大的資金去補貼消費者，比如搭車送現金等。從短期看，這種模式可以給消費者帶來現實的利益。但是，誰都知道羊毛出在羊身上，服務提供商最終肯定會從消費者那裡獲取超額的收益，這就是在壟斷達成的時候。

現在，絕大多數的互聯網公司都打著免費試用的名義發展用户，透過收集和控制用户資訊，培養用户的使用習慣，最終透過兼併同行競爭企業達到壟斷控制整個細分行業的目的。很多人已經看到了這個問題，但是在現在中心化資訊服務提供的模式下很難避免數據的壟斷問題，畢竟整個伺服器的硬體和軟體都掌握在平台服務提供商的手中。就像現在購物平台上能夠免費開店，但是對於廣大的中小賣家來說，如果不投入巨大的行銷費用讓自己的商品和店鋪出現在搜索結果的頂端，實際上是很難獲得收益的，這就是先免費後壟斷形成的惡果。而且，這種模式隨著淘寶網的成功在其他的互聯網 + 領域也在被不斷地複製著，這將影響更多的商業形態。

區塊鏈技術具有去中心化的特點，其上儲存的交易資訊平等地分布在各個參與到其中的驗證節點上，而這些大量的驗證節點控制在不同的個人和企業手中。雖然，我們不能信任參與其中的所有節點都不會做惡，但是從區塊鏈的整個網路來說，上面的數據是足夠安全可靠的，並且絕對不會被操縱和篡改。正是這種去中心化的，使得區塊鏈更能夠滿足改造線上線下商業生態的任務，使商家或者消費者都可以確信，基於區塊鏈的平台在現在和將來都不會形成壟斷。

5.5.3 高效互聯優化合作模式

現在的互聯網 + 模式都需要線上平台與線下服務提供商簽約以達成合作形式，然後商家透過介面存取線上平台以完成訂單管理、資金支付和清算的整個流程。這種合作模式推廣需要投入巨大的人力和資金，並且由於市場發展的不確定性，很多潛在的合作方無法及時存取以實現規模化發展。

區塊鏈技術提供了單一的網路生態，結合數位貨幣作為結算的媒介，線下的合作商家無須簽約加入線上平台的服務生態。商家只需要使用統一介面接受線上平台發行的數位貨幣支付，就可以認為加入到了這個商業聯盟。在這種商業模式下，不需要線上平台提供管理後台，線下商家可以自發地加入到這個商業聯盟當中，提供服務並獲取收入。

現在很多銀行和航空公司都使用積分機制來鼓勵用户消費和使用自家的產品，對於這些積分機制，企業都準備了一定的成本進行覆蓋，如何在不提高成本的前提下給客户提供更好的消費體驗是企業要關注的重點問題。而對於消費者來說，從企業獲得的積分只能在有限的商家消費或者換取自己不需要的商品，並不能提升消費者的實際體驗。其根本問題是，這些積分實際上不能做到有效的流通。對於消費者來說，積分如果不能交換到自己需要的產品和服務，就形同雞肋。而對於很多商家來說，由於無法和企業達成能夠有效盈利的合作模式，也沒有辦法加入到這個基本積分系統中。

引入區塊鏈技術後，透過將積分機制建立在區塊鏈網路的基礎平台上，不同的商家和消費者可以進行自主選擇。消費者可以將自己不需要的積分在這個區塊鏈網路上兌換成現金，而提供高品質服務的商家也無須受限於合作模式而將服務提供給需要的消費者。對於積分發行企業來說，他們不需要承擔更高的成本就可以盤活整個積分體系，從而為自己的客户提供更好的消費體驗。

這種積分的模式還可以推廣開來，不僅滿足一家企業的積分系統的要求，還可以將大量的企業積分一同加入進來，建立一個積分系統的大聯盟。在這個開放的區塊鏈積分系統中，不同的積分可以作為虛擬貨幣進行自由兌換，積分可以自由地交易和兌換，服務提供商可以自由定價，提供更好的服務和產品選擇。而積分發行的企業甚至不需要構建應用系統，因為有基於開放的區塊鏈積分網路，第三方應用軟體開發商也可以提供更加優質的軟體系統，用於支付結算和交易管理。

5.6
物聯網走向物「鏈」網

物聯網（Internet of things，IoT），顧名思義，物聯網就是物物相連的互聯網。這個概念自誕生以來一直被人追捧，專家普遍認為，如果「物聯網」時代來臨，人們的日常生活將發生翻天覆地的變化。[67]

物聯網的發展前景十分樂觀，市場調研機構 IDC 發布的最新報告預計，到二〇二〇年，全球物聯網市場規模將從二〇一四年的六千五百五十八億美元增至一兆七千萬美元。到二〇二〇年，全球物聯網終端（如汽車、冰箱等存在於物聯網內的一切互聯設備）數量將從二〇一四年的一千零三十萬個增至兩千九百五十萬個以上。有機構預計，到二〇二〇年，中國大陸物聯網市場規模預估將達十兆元人民幣。物聯網市場將成為未來兆級別的藍海市場，使我們真正走向智慧家居，智慧城市，智慧地球。

物聯網市場的快速發展，對智慧設備的管理營運水準提出了更高的要求。但實際上，物聯網發展應用至今，我們仍未看到物聯網大規模建設的案例。主要是因為物聯網，尤其是當前中心化的物聯網，沒能解決自身存在的一些問題。

傳統的中心式運算模式，例如雲端運算，在安全性、隱私保護、融通性等物聯網重要屬性方面可能並非最佳選擇。目前，智慧設備之間的連接和運算基本上是基於對第三方的信任，而隨著智慧設備數量呈現指數性增加，擺脫這種信任所帶來的不確定性是必然趨勢。

但當人們的目光投向區塊鏈技術時，卻有了意想不到的收穫，區塊鏈技術的各種特性可以很好地契合物聯網的問題，兩者優勢的融合，將爆發出不可估量的能量。今後，物聯網與區塊鏈強強聯手，走向物「鏈」網（Chain of things），將是令人期待的一件大事。

5.6.1 IBM 的設備民主

最早提出運用區塊鏈技術解決物聯網存在的缺陷的是 IBM。IBM 在二〇一四年發布了他們的物聯網白皮書《設備民主，去中心化、自治的物聯網》，其中提到了要建立「去中心化、自治的物聯網」。

白皮書展望了物聯網的前景和機遇，也分析了物聯網想要做大亟須解決的問題。白皮書顯然受到「去中心化」思想的影響，其中提到的「設備民主」理念與密碼學和密碼學貨幣的理念高度契合，而這正是區塊鏈的根本。

在回答物聯網為何需要重新啟動時，IBM 談到了物聯網面臨的五大挑戰。

挑戰1　連接成本

許多現有的物聯網解決方案成本很高，因為除了服務的中間人成本外，與中心化雲端和大型伺服器群相關的基礎設施和維護的成本也很高。

挑戰2　失去信任的互聯網

在物聯網中，形成信任是非常困難的，而且維持信任的成本非常高。

現在大多數的物聯網解決方案，為中心化的機構提供了未經用户授權就能夠收集和分析用户數據，近乎於控制用户的設備的能力。

為了被人們廣泛應用，隱私和匿名性也必須被整合到物聯網的設計中，給予用户控制自己隱私的能力。

挑戰3　設備製造商會過時

在物聯網世界，在過長的設備生命週期中，軟體更新和設備維修成本將在長達數十年中增加製造商的負擔。可能設備還在用，製造商已經倒閉了。

挑戰4　缺少使用價值

簡單地連接到網路並不能使設備更智慧，更出色。聯網和智慧只是設備產生更好產品和服務的一種手段，而不是最終目的。我們不應該為了物聯網而物聯網。

挑戰5　破損的商業模式

大多數物聯網的商業模式是：售賣用户數據或者做針對性廣告。這些期望是不切實際的。阻礙從用户數據中獲得價值更深層的原因是，普通消費者用户可能開放共享自己的數據，但是企業用户不會這樣做。

另一個問題是對從物聯網智慧設備應用程式獲得收入的預期過於樂觀。缺少可持續盈利的商業模式阻礙著物聯網向前發展。

總結一下白皮書的觀點，高效廉價的數據處理模式，保障物聯網資訊安全的信任機制，可持續盈利的商業模式，這三點是物聯網必須解決的問題。

其實這三個問題是相互關聯的。首先來看數據處理模式。傳統的物聯網模式是由一個中心化的資料中心來負責收集各個連接設備的資訊，但是這種方式在生命週期、成本和收入方面有著嚴重的缺陷。為了解決這個問題，IBM 認為未來每個設備都應該能實現自我管理，從而無須經常性地進行維護。因此，這些設備的運行環境將是去中心化的，它們連接在一起以形成一個分散式網路。這樣整個網路的壽命就會變得很長，並且運行的成本也將降低很多。而要實現去中心化的分散式網路，就要解決各節點的信任問題，也就是上文提到的第二個問題。在中心化的系統中，信任是比較容易的，因為存在一個中心化伺服器來管理所有的設備和各節點的身份，並且可以處理掉壞的節點。但這對於數量幾十億的設備來說，幾乎是一個不可能完成的任務。即使成功，成本也令人咋舌。只有有利可圖，存在成熟的商業模式，且具有極大的商業價值，才有解決以上兩個問題的動力，三者環環相扣。

因此，IBM 提出，需要建立一種去中心化的物聯網解決方案，實現去中心化，設備自治。由中心轉向邊緣，「是時候從資料中心從倉庫遷移到門把了」。

而這樣的去中心化解決方案需要滿足下列三條必要條件。

（1）無須信任的點對點通訊；

（2）安全的分散式數據分享；

（3）一種健壯的、可擴展的設備協作方式。

可以說，中本聰設計的區塊鏈技術完美地對應了以上三點。運用區塊鏈技術，可以為物聯網的世界提供一個引人入勝的可能性。在調查之後的幾個月，IBM 深信在物聯網革新的問題上，「區塊鏈提供了一個優雅的解決方法」。

IBM 是最早宣布他們對區塊鏈的開發計劃的公司之一，它在多個不同層面已經建立了多個合作夥伴關係，並展現了他們對區塊鏈技術的鍾愛。在二〇一五年一月，IBM 宣布了一個項目—— ADEPT 項目（自動去中心化點對點遙測技術），一個使用了 P2P 的區塊鏈技術的研究項目。IBM 和三星還為 ADEPT 提出了一個概念驗證，使用區塊鏈資料庫建立一個分散式設備網路（一種去中心化物聯網），由 ADEPT 來提供一種安全並且成本低的設備連接方式。

除了應用區塊鏈技術，IBM 還將智慧合約和人工智慧 Waston 融入 ADEPT 中。根據可行性報告顯示，未來的家用電器，如洗碗機，可以執行一份「智慧合約」來發布命令，要求清潔劑供應商進行供貨。這些合約給予了設備支付訂單的能力，並且還能接收來自零售商的支付確認資訊和出貨資訊。這些資訊會以手機鈴聲提醒的方式來通知洗碗機的主人。

這樣一來，區塊鏈承諾的無摩擦價值交換，智慧合約帶來的設備交互能力和人工智慧所具有的提高大規模數據分析速度的能力，三者相輔相成，就能構建出更強大、更智慧的物聯網。

正如 IBM 全球企業諮詢服務部的副總裁保羅· 布羅迪（Paul Brody）所言，他們的目標是建立一個更加智慧的設備網路，這個設備網路在運行期間能夠分享能源和頻寬，做決策，以及最大程度地提高效率。它是一個既有中心化系統，又有去中心化系統的生態系統。這個解決方案的核心就是區塊鏈技術。

ADEPT 平台由三個要素組成：以太坊、Telehash 和 BitTorrent。

對照之前白皮書中提到的三點必要條件，無須信任的點對點通訊對應的是 Telehash，安全的分散式數據分享對應的是 BitTorrent，健壯的可拓展的設備協作方式，則對應以太坊。之所以選擇以太坊，是因為它具備更強的擴展性和更優秀的社區資源。隨著 ADEPT 和以太坊的影響力不斷提升，區塊鏈在物聯網中烙下的印記將會越來越深。

除了 IBM 在探索區塊鏈在物聯網領域的應用外，還有其他公司也在這個領域深耕。Filament 和 Tilepay 是其中有名的兩家公司，他們分別從硬體基礎和商業模式上挖掘著區塊鏈在物聯網領域的無限可能性。

5.6.2 Filament 的底層硬體

Filament 公司原先的設想是建立網狀網路（Mesh Network）上的無線家庭安全系統。現在他們把公司的發展目標定位在工業用例上，實現設備之間的連接。Filament 的理論是，建立一個平台，使得透過去中心化方式連接的設備能相互溝通。

二〇一五年八月，Filament 宣布完成了五百萬美元的 A 輪融資，投資方是 Bullpen Capital、Verizon 創業投資和三星創業投資。Filament 的聯合創始人兼首席執行官艾瑞克·詹寧斯（Eric Jennings）認為，Filament 是一個使用比特幣區塊鏈的去中心化物聯網軟體堆棧，能夠使公共分散式總帳上的設備持有獨特身份。透過創建一個智慧設備目錄，Filament 的物聯網設備可以進行安全溝通、執行智慧合約，以及進行小額交易。用他的話來說：「為什麼使用區塊鏈？因為它可以使系統更強大，更有價值。」

鑑於這一設想，詹寧斯認為他的項目與 ADEPT 項目在本質上是相似的，不同的是它將針對工業市場，使石油、天然氣、製造業和農業等行業的大公司實現效率上的新突破。透過利用基於區塊鏈技術的堆棧，企業可以更好地管理物理採礦作業或農業灌溉，不需要再使用效率低下的中心化雲端方案或文件式的老方案。

為實現這一設想，Filament 公司推出了他們的感測器設備，Filament Tap 和 Filament Patch。

Filament Tap 是一種攜帶式的連接設備，內嵌感測器以檢測環境，可以很方便地連接到設備上開始監控。Tap 能夠快速部署無線網路，與周邊十英哩以內的節點（其他 Taps）通訊，並可以與電話、平板電腦和電腦進行溝通。與之配套的 Filament Patch，則用來延伸該技術的硬體，可以實現硬體項目的制定。

Filament 的技術堆棧將使用五層協議：blockname、telehash（Telehash 的創始人就在 Filament 團隊中）、智慧合約、pennybank 和 BitTorrent。Filament 感測器的運行依賴於前三層協議，後兩層協議是供用户端選擇的。

每個設備都將配備處理公司的全部五個通訊協議的能力。blockname 能夠創造一個獨特的標識符，儲存在設備嵌入式晶片中的一部分，並記錄在區塊鏈上。Telehash，反過來提供端到端的加密通訊。BitTorrent 則支持文件共享。

透過硬體和技術堆棧，Filament 建立了一個基於區塊鏈的，去中心化的物聯網軟體堆棧。對這個堆棧進行操作，可以實現智慧合約、小額付款等更多的功能。《區塊鏈革命：比特幣背後的技術正在如何改變貨幣、商業和世界》一書的聯合作者 Alex Tapscott，則將其稱為物帳本（the Ledger of Things），可以記錄所有發生在物聯網中的事。透過它，可以安全可靠地處理物聯網間傳輸的大量資訊。這樣的物聯網，開放、透明和安全，而且沒有核心故障因素，並且有創建和執行智慧合約的能力。這樣，從電網，運輸到金融方面都將產生巨大的作用。

Filament 公司正在進行關於 Tap 設備與鄰近的十英哩遠的設備通訊的測試。用 Filament Tap 可以監視電力設施，省去了昂貴的物理檢查的需要。如果設備倒了或著火，破壞偏遠社區的電力，由於互聯互通，便可透過其他設備提醒電力公司。

Filament 公司還設想使用其他感測器來形成一個透過比特幣技術的供電網路。由於該網路基於區塊鏈技術，所以也是可以實現的。現在，紐約已經開始實驗，建立一個「布魯克林微型智慧電網（Brooklyn Microgrid）」，透過區塊鏈和以太坊，可以進行對綠色能源產生的過剩電能的點對點交易。

區塊鏈技術將在安全、透明度和大數據管理方面能夠改善物聯網，而 Filament 公司希望從底層硬體出發，努力證明這一點。

5.6.3 Tilepay 的物聯網支付系統

Tilepay[68] 對物聯網的探索則集中在支付領域和商業模式方面。Tilepay 希望能基於區塊鏈技術，為現有的物聯網行業提供一種人到機器或者機器到機器的支付解決方案，實現對物聯設備感測器的即時存取支付。

Tilepay 的眼光很長遠，他們看到了物聯網真正未被發掘的價值：感測器的數據。正如物聯網之父凱文·艾什頓說過的：「物聯網價值不在數據採集，而在數據能否共享」。

全世界有無限多的數據量，而人類在採集世界數據方面並不擅長。因此，人們建立了一個非常低成本的，與互聯網相連的，遍布全世界的感測器網路。電腦能夠透過這些自動化的傳感設備獲取資訊。但我們真正需要的，是在感測器網路中得到整體的圖景，這才形成了能採集數據的物聯網。

當感測器收集了數據後，是否有價值取決於資訊是否能夠共享。感測器鋪設是物聯網的架構基礎之一。然而，當今大部分感測器都掌握在私有網路中，只為單一應用服務。這種現狀違背了真正的物聯網願景——數據共享。

舉幾個例子：停車場管理公司為了檢測停車位的使用狀況，安裝了一個大型的感測器網路。這樣的基礎設施建設需要花費大量的金錢，但如今它卻只能用來判斷停車位情況，這其中蘊藏著寶貴的數據，可以提供給研究人員參考；有些緊跟科技潮流的水務公司，可能會在水龍頭上安裝感測器，某些衛生組織希望透過這些感測器追蹤洗手的頻率，為將來制定政策收集數據，但由於這些感測器的數據只屬於這家公司，而無可奈何。

顯然在這個過程中，物聯網的數據沒有很好地分享到需要的人手中。這一方面是因為這些公司沒有意識到市場對物聯網數據的渴求，另一方面，物聯網也缺乏一個很好的分享、交易的商業模式。一些雲端平台，如 Xively、Thingspeak、Thingful 支持個人分享感測器數據，但由於沒有提供對數據擁有者的獎勵機制，因而他們不願意提供具有良好結構並持續穩定的元資料。

因此我們需要建立一個基於物聯網的全球數據市場來進行數據交易。這時有人提出了一個奇妙的設想：既然是感測器為我們提供的數據資訊，是不是可以直接向感測器支付費用呢？

二〇一四年，兩位瑞士的學者發表了論文〈如何透過比特幣交換感測器數據並實現感測器自盈利〉，其中就提到了這樣的設想：建立一個由感測器端、請求端、感測器庫組成的系統，在這個系統中，感測器可將其測量的數據上傳至世界範圍的數據市場中，利用比特幣區塊鏈進行數據交易。

而這正是 Tilepay 在做的，整合全球 IoT 數據，實現設備自盈利，建立感測器之間去中心化的「支付寶」。這家公司開發了一個基於比特幣區塊鏈的、去中心化的支付系統 SPV（Simplfied Payment Verification），透過這個系統，硬體設備或者感測器能夠快速加入到區塊鏈網路。只需要填寫硬體設備感測器的 IP 地址，即可註冊硬體設備。註冊後，所有物聯網設備都會有一個獨一無二的令牌，並用來透過區塊鏈技術接收支付。Tilepay 還將建立一個物聯網數據交易市場，使大家可以購買物聯網中各種設備和感測器上的數據，並以 P2P 的方式保證數據和支付的安全傳輸。SPV 系統不僅有 Windows 客户端，還有 iOS 和安卓行動端的錢包，可以在行動端方便地管理自己名下的物聯網設備和虛擬貨幣。

想像一下，區塊鏈和物聯網結合之後，每個感測器都可以進行數據交易。一個私有的氣象監測站下屬的空氣品質感測器，可以透過 Tilepay 搭建的平台即時出售當前的空氣品質數據，任何人和單位都可以透過應用程式購買它的當前數據、查詢空氣品質，類似 Nike 等運動應用就可以購買該數據，並為其用户提供無汙染的跑步路線。

再試想一下，無數的設備、感測器都連接到區塊鏈上，機器與機器之間自己溝通，機器自己付帳、自動工作。那會是一個怎樣的景象。智慧硬體最大的問題就是數據共享，區塊鏈正好彌補了這一點，卯榫相合，前景巨大。透過區塊鏈，物聯網能真正實現數據去中心化共享，「機器——人」的服務共享。讓每個人都可以利用這些數據做研究或者改善生活。物聯網走向物鏈網，同時拓寬了區塊鏈和物聯網的市場，徹底顛覆我們的生活。

當然，夢想是性感的，現實是骨感的。由於物聯網技術的複雜性，上下游產業鏈較長，再加上區塊鏈技術的發展、成熟需要時間，走向智慧物聯網世界的路還很長。但現在，Tilepay 已經整合了物聯網與區塊鏈技術的相關廠商，共同開發並著手制定了相關產業標準。

在軟體開發上，Tilepay 聯合了來自愛沙尼亞的 ignite 軟體開發公司專注於比特幣區塊鏈技術和智慧合約的開發。另外 Tilepay 還攜手物聯網領域的 Google：Thingful.net。這家網站匯集了全球無數的物聯網感測器即時數據，包括能源、健康、環境、風力、溫度、濕度等各方面的感測器即時數據，類似物聯網領域的 Google 搜索引擎。Tilepay 將與 Thingful.net 深度合作，使感測器節點支持 Tilepay 的協議和功能，可以讓設備在 Tilepay 的去中心化交易市場自動交易自己的數據，並接收比特幣或者萊特幣的小微付款，這些付款收入屬於設備的持有人。

在硬體產業鏈上，Tilepay 主要和上文提到的 Filament 公司（當時名為 Pinoccio）合作開發區塊鏈網路，使 Filament 公司的所有開放硬體都可以加入到 Tilepay 的網路裡面。此外，Tilepay 還與 Cryptotronix、ATMEL 等硬體製造商和智慧穿戴設備開發商 Nymi 合作，為物聯網領域帶來基於比特幣區塊鏈的硬體小微支付方案。Tilepay 在實現設備自盈利的道路上，留下了一個又一個堅實的腳印。

區塊鏈對於物聯網的最大意義在於在大量的智慧設備之間建立了低成本的、互相直接溝通的橋梁，同時又透過去中心化的共識機制，提高了系統的安全性和私密性。基於區塊鏈技術的智慧合約技術，又將智慧設備變成了可以自我維護和調節的獨立個體。優勢互補，區塊鏈和物聯網的聯合，將帶來更智慧的生活。

5.7
構建基於信用的下一代互聯網

5.7.1 經濟、金融的核心是信用

所有的經濟交易活動，都是建立在信用的基礎之上。沒有信用，交易就特別困難，交易成本也會很高。

在久遠的古代，信用空白，交易形式或者是物物交換，或者是物品與金屬貨幣之間的交換。在此場景下，交易簡單，交易效率低，沒有法定貨幣，沒有遠期合約，更沒有股權交易。

近代以來，隨著現代國家的出現，法定紙幣成為主要的貨幣，商品交易也簡單了很多。紙幣大多數情況下是以國家信用為基礎的，所以能被交易各方所接受。但我們也看到，在國家濫出貨幣，或者政權面臨崩潰的情況下，法定紙幣會重新被金屬貨幣所拋棄，或者重新回歸物物交換。因此，穩定幣值，就是穩定國家信用，對於經濟、政治的穩定十分重要。

在現代社會，信用體系的建立，不僅僅是貨幣，更重要的是整個金融體系的信用創造。

商業銀行在國家監管機構的監管下，常常被認為是值得信賴的機構，所以只用很低比例的資本金，理論上就能吸收到無上限的存款，為整個金融體

系提供了隨存隨取的流動性，商業銀行出具的票據、保函、存款證明書、授信承諾等被廣泛接受。商業銀行是金融體系信用的基礎，如果單個商業銀行陷入了信用危機，則立即陷入流動性困難，面臨倒閉。整個商業銀行體系面臨信用危機，則整個經濟體將陷入交易無法執行的困境。離開信用，商業銀行寸步難行，因此商業銀行把維護信用作為第一要務。

證券市場中，交易之所以能夠進行，也是基於信用。無論債權，還是股票，只是一張紙，或者電腦系統中的一串數字，沒有信用則一文不值。證券市場的信用，是基於在交易中起著重要作用的金融機構和專業服務機構的信用。交易所、證券登記結算公司、證券公司、信用評等公司、會計師事務所、律師事務所，只有投資者對這些機構產生了信任，才可能發生交易。投資者認為交易數據真實可靠，系統數據不會錯誤、丟失或者被篡改，專業服務機構盡職忠誠，發行證券的主體的基本情況已經被會計師事務所、律師事務所、證券公司和交易所核實確認，才敢於去投資股票、債券等金融產品。以上機構的信用構成了證券市場的信用，證券市場沒有信用，則欺詐較多，證券市場就發展不起來，這是很淺顯的道理。

保險市場也有類似的道理。保險公司受到法律監管，並遵從資本充足率的約束。投資者對保險機構的信任，是投保的前提。

金融依賴於信用。為了維持金融市場的信用，金融機構一般是國家特許經營，並且受到嚴格監管。在互聯網時代，出現了一些新型的金融機構，雖然對於這些機構的監管規則不夠健全，甚至沒有監管，但是這些機構仍然依賴於信用，他們透過各種方式來建立自己的信用基礎。

金融之外的經濟活動，交易雙方也是以信用為基礎的。在市場經濟和民營企業比較發達的地區，因為企業信用較好，交易成本較低，較低的交易成本有利於經濟繁榮。

5.7.2 傳統條件下的高信用成本

所有金融機構都依賴於信用，為了維持信用，往往採取以下行動：與政府、央行、監管機構保持良好的關係，獲得支持；購買、建設或者租用豪華大樓，裝修豪華的營業廳；金融機構的員工往往要求高學歷，專業謹慎；做好資訊公開，公布主要的經營數據；聘請名人代言，做好宣傳廣告和商業贊助，加強媒體關係溝通，及時應對公關危機；聘請著名的專家學者加入董事會，或者作為顧問，獲得背書加分；進行外部審計，外部評等，透過有信用的第三方背書獲得信用；最重要的，還是合法、審慎經營，健全內控，建設完善的風險管理體系。整個金融體系維護信用的成本很高，在其經營成本中占有很大的比重。

經濟活動、金融活動的其他參與者，如企業和居民，也有巨大的信用成本。例如，很多企業都要支出很大的費用建設品牌，品牌的價值就是讓消費者產生信任。例如，很多企業主、職業人士都要用名車和一身名牌來包裝自己，其中很重要的目的就是讓不熟悉的合作夥伴相信其經濟實力。很多公司租用高級辦公室，商務人士出差選住高級飯店，固然有享用高服務品質的一面，另一面也是為了讓合作夥伴對其公司的能力產生信任。

但無論如何，產生信用的成本在傳統的技術條件下，是巨大的，是很多小金融機構、小企業難以承受的。但在互聯網條件下，產生信用的成本在快速降低。

5.7.3 大數據降低信用成本

互聯網時代，隨著大數據的應用，整個社會的信用體系已經有了很大的變化。不管是金融機構，還是企業、個人，他們的信用情況將會更加透明。

以個人為例，個人的資產、負債、職業、信用紀錄，個人在互聯網平台的各種交易紀錄等資訊，已經越積越多，完全可以應用到各種交易場合，特別是金融交易的場景。試圖用外在的形象包裝，比如使用奢侈品、開名車，來掩蓋個人的信用缺失，或者偽造職業身份資訊，難度會越來越大，各種數據服務公司和安全服務都可以立即戳破低級的謊言。不僅網路借貸業務需要核實身份與信用資訊，其他一些重要的交易和申請，也會使用大數據來驗證交易對方提供的數據的可靠性。比如網路徵婚或者加入高級俱樂部，比如申請 MBA 入學，比如加入房屋共享平台，比如租賃相機、汽車等貴重物件設備，等等。

企業的數據也越來越多，企業的基本資訊、銀行徵信、納稅情況、保險繳納情況、訴訟情況、消費者投訴紀錄，以及在網路上被投訴的資訊等，都可以判斷出一個企業的基本情況。這些資訊，最終不但可以被金融機構信貸決策時使用，而且可以被更多的經濟活動參與者，甚至被普通的消費者、投資者所運用。我們在電商平台購物時，已經可以獲得一部分的店主的資訊，雖然不夠完整齊全，但相對於傳統的交易方式，消費者已經知道了更多。當然，企業的資訊透明，還有很遠的路要走，至少目前某些中小企業的會計報表品質很低，這是信用環境糟糕的重要原因之一。

互聯網時代的金融機構，已經有辦法獲得更多的企業和個人資訊，不過金融機構本身的數據除了依照法律需要進行資訊披露以外，很少與公眾分享。金融機構由於其本身的複雜性、專業性，其信用水平、經營情況並非普通消費者所能判斷。儘管金融市場本身給出了參考性的指標，比如有沒有上市，股價如何等，但是，金融機構本身的問題仍然是可以被隱藏、粉飾和掩蓋的，真實的數據只有金融機構本身才有，仍然可以包裝粉飾，這也是目前比較突出的問題。在法律和政策的保護下，效率不高的金融機構的問題沒有暴露，苟延殘喘，導致了整個金融體系的效率低下。金融機構的信用水平，其實只有進行同業交易的同業機構和投資銀行最瞭解，他們進行專業的分析，得出有證據的結論。當然，專業審計、分析、諮詢、評等機構也有這種能力，不過所有的結論一般不向市場公開。

互聯網時代，我們有更多的數據來源，數據集成分析成為可能，因而可以具備更完整的刻畫企業、個人和金融機構的總體情況的能力。在信用情況透明、公開，可低成本查詢的時候，建立信用的唯一途徑是踏實經營、認真履約，而外在的豪華包裝越來越難以掩飾糟糕的信用。建立信用的成本在降低，而掩蓋糟糕信用的成本在增高。

然而，在大數據時代，數據的真實性問題依然存在。某些有權力或者技術的人，可以製造數據，篡改數據，或者消滅數據。大數據可以總體上給出信用評價的水平，但是可能不夠準確，因為基礎的數據來源存在真實性、完整性問題。

5.7.4 區塊鏈開啟新的信用時代

在區塊鏈協議下，數據呈現分散式儲存，有不可篡改刪除、可驗證等重要特點。

區塊鏈首先帶來的是交易方式的改變，數據儲存的去中心化，也會帶來交易的去中心化，雙邊、多邊交易不再依賴於唯一的清算中心。交易的去中心化，會使得交易更加平等。

更重要的是，區塊鏈將開啟新的信用時代，說謊將無比困難。任何人都無法篡改其歷史數據，而歷史數據又公開分享在區塊鏈中，信用更加堅固。然而，要想讓區塊鏈技術真正地解決信用問題，卻沒那麼容易，至少面臨以下五個問題。

(1) 歷史數據如何承接和轉化。已有的不按照區塊鏈產生的數據，如何與新區塊鏈協議的數據進行互通。

(2) 可以預見，區塊鏈技術將率先在金融等安全性要求很高的領域先行試用，而大量的數據仍然是現有技術下的數據，區塊鏈下的可靠數據有限。

(3) 區塊鏈的分散式記帳方式，能夠覆蓋主要的經濟和金融交易領域，並能夠被網路化共享，其前提是區塊鏈技術的成本足夠低。

(4) 區塊鏈技術的大規模應用，需要政府推動。只有中央銀行、財政部等國家主要的經濟管理部門帶領，制定區塊鏈協議的規範，並以法律的形式要求金融交易、不動產交易、重要的動產交易採用區塊鏈技術，區塊鏈才會快速推廣。

(5) 如何平衡資訊共享和隱私保護，在區塊鏈時代，會成為一個關鍵問題。資訊保護和資訊分享的立法推動和完善，將是區塊鏈時代的大數據商用的前提。

參考文獻

[1] Satoshi Nakamoto. 「Bitcoin： A Peer-to-Peer Electronic Cash System.」 2008. https：//bitcoin. org/bitcoin.pdf.

[2] Wei Dai. 「A Scheme for A Group of Untraceable Digital Pseudonyms to Pay Each Other With Money And to Enforce Contracts Amongst Themselves Without Outside Help.」 「B-money」， 1998. http：//www.weidai.com/bmoney.txt.

[3] H. Massias， X.S. Avila and J.-J. Quisquater. 「Design of a secure timestamping service with minimal trust requirements」. May 1999. In 20th Symposium on Information Theory in the Benelux.

[4] 「Block」. March 4， 2016. https：//en.bitcoin.it/wiki/Block.

[5] 「Block hashing algorithm」. December 12， 2015. https：//en.bitcoin.it/wiki/Block_hashing_algorithm.

[6] 「Genesis block」. November 5， 2015. https：//en.bitcoin.it/wiki/Genesis_block.

[7] S. Haber， W.S. Stornetta. 「How to time-stamp a digital document，」 In Journal of Cryptology， vol 3， No.2， pages 99-111， 1991.

[8] D. Bayer， S. Haber， W.S. Stornetta. 「Improving the efficiency and reliability of digital time-stamping，」 In Sequences II： Methods in Communication, Security and Computer Science， pages 329-334， 1993.

[9] S. Haber， W.S. Stornetta. 「Secure names for bit-strings，」 In Proceedings of the 4th ACM Conference on Computer and Communications Security， pages 28-35， April 1997. on Computer and Communications Security， pages 28-35, April 1997.

[10] Leslie Lamport， Robert Shostak Marshall Pease. 「The Byzantine General Problem.」 1982.

[11] A. Back. 「Hashcash – a denial of service counter-measure.」 2002. http: // www.hashcash. org/papers/hashcash.pdf.

[12] R.C. Merkle. 「Protocols for public key cryptosystems.」 April 1980. 1980 Symposium on Security and Privacy, IEEE Computer Society, pages 122-133.

[13] S. Haber, W.S. Stornetta. 「Secure names for bit-strings.」 April 1997. In Proceedings of the 4th ACM Conference on Computer and Communications Security, pages 28-35.

[14] Vitalik Buterin. 「Merkling in Ethereum.」 November 15, 2015. https: //blog. ethereum. org/2015/11/15/merkling-in-ethereum/.

[15] Daniel Cawrey. 「Are 51% Attacks a Real Threat to Bitcoin?」 June 20, 2014. http: //www. coindesk.com/51-attacks-real-threat-bitcoin/.

[16] 「Cold storage」. https: //en.bitcoin.it/wiki/Cold_storage.

[17] Joseph Poon and Thaddeus Dryja. 「The Bitcoin Lightning Network: Scalable Off-Chain Instant Payments.」 July 17, 2015. http: //8btc.com/doc-view-60. html.

[18] Vitalik Buterin. 「Bitcoin Multisig Wallet: The Future of Bitcoin.」 March 13, 2014. https: // bitcoinmagazine.com/articles/multisig-future-bitcoin-1394686504.

[19] Leo Assia, Vitalik Buterin, Leor Hakim and Meni Rosenfeld. 「BitcoinX」. https: //docs. google.com/document/d/1AnkP_cVZTCMLIzw4DvsW6M8Q2JC0lIz rTLuoWu2z1BE/edit.

[20] Andreas M.Antonopoulos (O』 Reilly). 「Mastering Bitcoin」. 2015, 978-1-449-37404-4.

[21] Vitalik Buterin. 「On Public and Private Blockchains.」 August 7, 2015. https: //blog. ethereum.org/2015/08/07/on-public-and-private-blockchains/.

[22] Y. Liu and C. Liu. 「Negative entropy flow and the life-cycle of a severe tropical storm.」 Atmospheric Research, vol. 93, pp. 39-43, 7, 2009.

[23] Blockchain Technology: Preparing for Change. 2016 Available: https: // www.accenture.com.

[24] Technical report by the UK government chief scientific adviser[Online]. February 21, 2016. Available: https: //www.gov.uk/government/uploads/system/uploads/attachment data/ file/492972/gs-16-1-distributed-ledger-technology.pdf.

[25] M. Komaroff. 「The Future of the Internet」. 2008.

[26] 「IBM Delivers Blockchain-As-A-Service for Developers; Commits to Making Blockchain Ready for Business[Online].」 Available: http: // www.prnewswire.com/news-releases/ibmdelivers-blockchain-as-a-service-for-developers-commits-to-making-blockchain-ready-forbusiness-300220535.html.

[27] 「IBM Unveils New Cloud Blockchain Service[Online].」 2016. Available: https: //www. btckan.com/news/topic/20997.

[28] D. Bandini. 「IBM brings Blockchain into the cloud and hands of developers.」 2016. Available: https: //developer.ibm.com/dwblog/ibm-brings-blockchain-to-cloud-and-developers/.

[29] S. Brakeville and B. Perepa. 「Blockchain basics: Introduction to business ledgers.」 2016. Available: http: //www.finyear.com/Blockchain-basics-Introduction-to-business-ledgers_ a36159.html.

[30] M. Weiss. 「How Bitcoin's Technology Could Reshape Our Medical Experiences.」 June 27, 2015. Available: http: //exchanger-bitcoin.com/how-bitcoins-technology-could-reshape-ourmedical-experiences/.

[31] P. B.Nichol. 「Blockchain applications for healthcare.」 March 17, 2016. Available: http: // www.cio.com/article/3042603/innovation/blockchain-applications-for-healthcare.html.

[32] Megan Williams. 「Blockchain And Big Data: A Solution To Healthcare's Biggest Problem.」 May 19, 2016. http: //www.bsminfo.com/doc/blockchain-

big-data-solutionhealthcare-biggest-problem-0001.

[33] E. v. d. Hoek. 「Defining A Legal Framework For Decentralized Autonomous Organizations (DAO).」 2016. Available: http: //unseamlessness.org/defining-a-legal-framework-fordecentralized-autonomous-organizations-dao.

[34] Blockchain: A New Economic Blueprint. Available: http: //book.chainb.com/.

[35] Morgan, P. 「Using Blockchain Technology to Prove Existence of a Document.」 Empowered Law, accessed December 05, 2014. http: //empoweredlaw.wordpress.com/201blockchaintechnology-to-prove-existence-of-a-document/.

[36] Ram. 「Proof of Existence.」 August 2, 2015. http: //www.newsbtc.com/proof-of-existence/.

[37] Kirk, J. 「Could the Bitcoin Network Be Used as an Ultrasecure Notary Service?」 Computer-world, May 23, 2013. http: //www.computerworld.com/article/2498077/desktopapps/could-the- bitcoin-network-be-used-as-an-ultrasecure-notary-service-.html.

[38] October 30, 2015. http: //www.bitnet.cc/iot0004/.

[39] Nick Szabo. 「The Idea of Smart Contracts.」 1997. http: //szabo.best.vwh.net/smart_ contracts_idea.html.

[40] Richard Brown. 「A Simple Model For Smart Contracts.」 February 10, 2015. https: //gendal. me/2015/02/10/a-simple-model-for-smart-contracts/.

[41] Jay Cassano. 「What Are Smart Contracts? Cryptocurrency』 s Killer App」. September 17, 2014. http: //www.fastcolabs.com/3035723/app-economy/smart-contracts-could-becryptocurrencys-killer-app.

[42] Malte M⊠ser, Ittay Eyal, and Emin Gün Sirer. 「How to Implement Secure Bitcoin Vaults.」 February 26, 2016. http: //hackingdistributed.com/2016/02/26/how-to-implement-securebitcoin-vaults/.

[43] Reid Williams. 「How Bitcoin's Technology Could Make Supply Chains More

Transparent.」May 31, 2015. http: //www.coindesk.com/how-bitcoins-technology-could-make-supplychains-more-transparent/.

[44] Gendal.「Identity and The Blockchain: Key Questions We Need to Solve.」December 03, 2014. https: //gendal.me/2014/12/03/identity-and-the-blockchain-key-questions-we-need-to-solve/.

[45] William Mougayar.「Why Fragmentation Threatens the Promise of Blockchain Identity.」March 18, 2016. http: //www.coindesk.com/fragment-blockchain-identity-market/.

[46] Morgenpeck.「You too Can Get Married on The Blockchain.」December 4, 2015. https: //me dium.com/backchannel/you-too-can-get-married-on-the-blockchain-27cf39ab7f95#.t4l9avtl3.

[47] Luke Parker.「Cryptid open source identification system uses the blockchain to revolutionize ID.」December 7, 2015. http: //bravenewcoin.com/news/cryptid-open-source-identificationsystem-uses-the-blockchain-to-revolutionize-id/.

[48] https: //www.augur.net/.

[49] Ian Allison.「Ethereum prediction market Augur teams up with blockchain security experts Airbitz.」June 6, 2016. http: //www.ibtimes.co.uk/ethereum-prediction-market-augur-teamsblockchain-security-experts-airbitz-1563842.

[50] Openbazaar.「What is OpenBazaar?」August 19, 2014. https: //blog.openbazaar.org/what-isopenbazaar/.

[51] William Mougayar.「The Old Cloud is Dead, Welcome to the New Blockchain Cloud.」July 2, 2015. http: //bravenewcoin.com/news/the-old-cloud-is-dead-welcome-to-the-newblockchain-cloud/.

[52] Joseph Young.「Sia Launches Decentralized Blockchain-based Storage Platform Similar to Filecoin and Storj.」December 2, 2015. https: //bitcoinmagazine.com/articles/sia-launchesdecentralized-blockchain-based-storage-platform-

similar-to-filecoin-and-storj-1449082814.

[53] Michael Mainelli & Chiara von Gunten. 「Chain Of A Lifetime: How Blockchain Technology Might Transform Personal Insurance.」 Long Finance, December 2014, 51 pages.

[54] Ethereum. 「A Next-Generation Smart Contract and Decentralized Application Platform」. Web. https://github.com/ethereum/wiki/wiki/White-Paper.

[55] 「Maker Whitepaper」. Web. https://makerdao.github.io/docs/.

[56] 「Augur Docs」. Web. http://docs.augur.net/.

[57] Christoph Jentzsch. 「Decentralized Autonomous Organization to Automate Governance」. Web. https://download.slock.it/public/DAO/WhitePaper.pdf.

[58] 「A decentralized exchange built on Ethereum「. Web. https://github.com/etherex/docs/blob/ master/paper.md

[59] 「Oraclize Docs」. Web. http://docs.oraclize.it/.

[60] Factom. 「Fctom: Business Processes Secured by Immutable Audit Trails on the Blockchain」. November 17. 2014. Web. https://github.com/FactomProject/FactomDocs/blob/ master/Factom_Whitepaper.pdf.

[61] http://trends.baidu.com/worldcup/events/knockout.

[62] Fabian Schuh, Daniel Larimer. 「Bitshares 2.0: General Overview」. December 18, 2015. Web. http://docs.bitshares.org/_downloads/bitshares-general.pdf.

[63] David Schwartz, Noah Youngs, Arthur Britto. 「The Ripple Protocol Consensus Algorithm」. 2014. Web. https://ripple.com/files/ripple_consensus_whitepaper.pdf.

[64] 「Hyperledger Whitepaper」. Hyperledger. June 22, 2016. https://github.com/hyperledger/ hyperledger/wiki/Whitepaper-WG.

[65] 「Blockchain: The Trust Machine.」 October 31, 2015. Available: www.economist.com.

[66] M. Swan.「Blockchain Thinking： The Brain as a Decentralized Autonomous Corporation [Commentary].」 IEEE Technology and Society Magazine, vol. 34, pp. 41-52, 2015.

[67] Yu Zhang and J. Wen, The IoT electric business model: Using blockchain technology for the internet of things[Online], 2016. Available: http: // link.springer.com/article/10.1007/s12083-016-0456-1.

[68] Tilepay introduction. Available: http: //www.tilepay.org/.